本书由 云南省高校土壤侵蚀与控制重点实验室 共同资助出版
西南林业大学石漠化研究院

云南石漠化综合治理区域划分

李乡旺　陆素娟　王　妍　著

U0252488

科学出版社

北　京

内 容 简 介

本书从云南环境条件规律性变化的高度研究和描述了不同石漠化综合治理地区的地形、地貌、气候、土壤、植被的特点，在对云南 65 个石漠化综合治理县(市、区)现场调查的基础上，以年积温天数、干燥度为主，地带性土壤为辅，参考年均温、极端天气、年降雨量、灾害性天气、结合山脉、地形、地貌、季风特点及地带性植被等综合因素，运用层次分析法将云南 65 个石漠化综合治理县划分为 7 个区域 10 个亚区 19 个小区，为云南石漠化综合治理提供参考。

本书可作为林业基层工作者的参考读本，也可供从事石漠化治理、植被恢复及困难立地造林等科研与管理机构人员使用。

审图号：云 S(2018)026 号

图书在版编目(CIP)数据

云南石漠化综合治理区域划分 / 李乡旺，陆素娟，王妍著. —北京：科学出版社，2018.7

ISBN 978-7-03-058000-9

Ⅰ.①云… Ⅱ.①李… ②陆… ③王… Ⅲ.①沙漠化-沙漠治理-研究-云南 Ⅳ.①S156.5

中国版本图书馆 CIP 数据核字（2018）第 132288 号

责任编辑：冯　铂　刘　琳 / 责任校对：江　茂
责任印制：罗　科 / 封面设计：墨创文化

科学出版社 出版

北京东黄城根北街16号
邮政编码：100717
http://www.sciencep.com

成都锦瑞印刷有限责任公司 印刷

科学出版社发行　各地新华书店经销

*

2018 年 7 月第 一 版　　开本：787×1092 1/16
2018 年 7 月第一次印刷　　印张：6.25
字数：170 千字
定价：68.00 元

（如有印装质量问题，我社负责调换）

前　言

　　石漠化是岩溶地区土地退化的极端形式，是我国现存的三大生态问题之一，也是美丽云南身上的"伤疤"。云南 65 个石漠化综合治理县石漠化土地面积已达 288 万公顷；2016 年 3 月 3 日，罗春明在新华网发表《云南：石漠化扩展趋势得到有效遏制》，文中透露，云南 129 个县(市、区)中 121 个县(市、区)(实际上是 122 个)有石漠化问题，石漠化面积为 357 万公顷，已经位列全国第一。

　　石漠化直接导致土地承载能力大幅度降低甚至丧失，缩小了人类的生存发展空间，减少了耕地资源；加重了自然灾害，常常出现干旱和洪涝并存的状态；严重影响长江、珠江流域的生态安全；容易导致土地肥力降低，耕地面积减少，水土流失加剧，岩石裸露面积加大，贫困程度加剧；影响经济社会的可持续发展；造成植被结构破坏或丧失，生态平衡破坏，生物多样性锐减。

　　云南地形、地貌复杂多样，气候涵盖了从热带、亚热带到青藏高原温带的多种气候类型，加之同一地区由于海拔高差变化较大，垂直分布明显，情况复杂，治理难度大。区别差异，归纳共性，区划出符合实际和符合客观规律的不同性质的治理区域，充分利用各区域的自然资源和经济资源，按客观实际做出科学设计，为因地制宜开展石漠化治理工作提供依据，并使设计的各项措施落实到不同的治理区域，这就是石漠化综合治理区划的内涵。

　　石漠化治理分生物治理及工程治理两方面，但生物治理是主要的。生物治理涉及植物和动物。植物、动物是生命有机体，生命有机体与热量、土壤、水分、光照等外界环境条件有关，并受外界环境条件的制约。外界环境条件直接或间接地关系到动植物的生长和发育，从而影响到治理效果。工程治理涉及选用与环境条件相符的原材料，工程内容及工程量的大小与环境条件也有关系。例如，滇东北石漠化地区地势陡峻，原生植被破坏严重，气候条件恶劣，水土流失严重，工程治理有时需要修建拦渣坝群才能遏制水土流失造成的影响；而滇东南红河哈尼族彝族自治州石漠化地区地势稍缓，气候较为干旱，工程治理应以修建小水窖为主。

　　综合治理涉及部门较多，涉及物种多样。不同物种生物学、生态学特性不同，对外界环境的要求不一样，即使是同一物种，不同的品种对环境的要求也不一样。只有认识治理物种的特性及其所需要的环境条件，科学设计，精心施工，才能达到治理目的。因此，本书从云南全省环境条件规律性变化的高度出发，研究和描述了不同石漠化综合治理地区的气候、土壤、植被特点，运用层次分析法划分不同的治理区域，为云南石漠化综合治理提供参考。

著　者

2018 年 3 月

目　　录

第1章　石漠化——从概念到综合治理

由碳酸盐类岩石发育而成的喀斯特地貌在世界上有广泛的分布。据粗略统计，全球碳酸盐岩出露面积约 2200 万 km^2，占全球陆地总面积的 15%。

1.1　石漠化概念从荒漠化概念演化而来

1.1.1　荒漠（desert）

荒漠作为一种自然地理景观，是指那些降水稀少、蒸发强烈、植被稀疏的地区和地段。景观表现为沙丘起伏、戈壁横亘、土壤不发育、干旱缺水、植被稀疏、有机质含量少或完全没有。

1.1.2　荒漠化（desertification）

1949 年，法国科学家 A. Aubreille 研究非洲热带和亚热带森林的稀树草原化过程时首先使用"荒漠化"概念。

1977 年，联合国荒漠化会议（UNCOD）诞生了荒漠化定义："荒漠化是土地生物潜力的下降或破坏，并最终导致类似荒漠景观条件的出现。"作为第一个荒漠化定义被联合国正式采纳。1984 年，联合国环境规划署（UNEP）第十二届理事会上，在荒漠化防治行动计划（PACD）中，把荒漠化定义进一步扩展为："荒漠化是土地生物潜能衰减或遭到破坏，最终导致出现类似荒漠的景观。它是生态系统普遍退化的一个方面，是为了多方面的用途和目的而在一定时间谋求发展，提高生产力，以维持人口不断增长的需要，从而削弱或破坏了生物的潜能，即动植物生产力"。

1992 年 6 月 3～14 日，在巴西里约热内卢召开的联合国环境与发展大会上把荒漠化定义为："荒漠化是各种因素所造成的干旱、半干旱和亚湿润干旱地区的土地退化，其中包括气候变化和人类活动"。这一定义基本为世界各国所接受，并作为荒漠化防治国际公约制定的思想基础。1993～1994 年，国际防治荒漠化公约政府间谈判委员会（INCD）在防治荒漠化公约上确定的定义为："荒漠化是指包括气候变异和人类活动在内的种种因素造成的干旱、半干旱和亚湿润干旱地区的土地退化"。同时在公约的第 15 条中又指出：列入行动方案的要点应有所选择，应适合受影响国家缔约方或区域的社会、经济和地理气候特点……这表明对荒漠化的认识还需要结合本国区域特点和实际。

1.1.3　多种岩石类型形成的荒漠化

联合国亚洲和太平洋经济社会委员会（简称"亚太经社会"，U. N. Economic and Social Commission for Asia and the Pacific，ESCAP）根据亚太区域特点和实际，提出荒漠化还应包括"湿润及半湿润地区由于人为活动造成环境向着类似荒漠景观的变化过程"。这一论述指出了湿润、半湿润地区也有可能出现类似荒漠化景观的问题。提出的问题指向了亚洲干旱、半干旱以外的地区。朱震达等认为，湿润地区荒漠化包含了红色砂岩风化壳上发育的荒漠化、第四纪红色黏土风化壳上发育的荒漠化、花岗岩风化壳上发育的荒漠化及石灰岩风化壳上发育的荒漠化。

1.1.4 石质荒漠化(stony desertification)

石漠化的概念最早由袁道先院士提出。1995 年袁道先院士用"rock desertification"进行表达。屠玉麟(1996)认为石质荒漠化(简称石漠化)是指在喀斯特的自然背景下，受人类活动干扰破坏造成土壤严重侵蚀、基岩大面积裸露、生产力下降的土地退化过程，所形成的土地称为石漠化土地。屠玉麟先生强调的是喀斯特地区人为活动的干扰破坏产生的土地退化过程，未限定发生区域。

袁道先(1997)指出热带和亚热带地区喀斯特生态系统的脆弱性是石漠化形成的基础。王世杰(2002)认为石漠化发生在南方湿润地区，在人类活动的驱使下，流水侵蚀作用下，地表出现大面积基岩裸露的荒漠化景观。王德炉、朱守谦、黄宝龙等的看法与王世杰先生的观点基本相同。

2012 年 6 月 18 日《中国石漠化状况公报》中定义的石漠化概念与 2003 年国家林业局在《国家森林资源连续清查技术规定》中的石漠化定义基本相似：石漠化是指在热带、亚热带的湿润、半湿润气候条件和岩溶极其发育的自然背景下，受人为活动干扰，使地表植被遭受破坏，导致土壤严重流失，基岩大面积裸露或砾石堆积的土地退化现象，是荒漠化的一种特殊形式。

总之，石漠化是我国科学家自 20 世纪 80 年代起，根据联合国有关荒漠化会议精神及联合国"亚太经社会"，结合亚太区域特点和实际提出的"荒漠化还应包括湿润及半湿润地区，由于人为活动所造成环境向着类似荒漠景观的变化过程"这一理论，并结合中国实际提出来的概念。从根本上说，石漠化是以脆弱的生态地质环境为基础，以强烈的人类活动为驱动力，以土地生产力退化为本质，以水土流失为表现形式，以出现类似荒漠景观为标志。

喀斯特(岩溶的另一种称谓)可以分为：热带喀斯特、亚热带喀斯特、温带喀斯特、寒带喀斯特、干旱区喀斯特(严钦尚等，1985)。强调湿润、半湿润及热带、亚热带气候条件是应该的，但不能否认人类在温带喀斯特、寒带喀斯特、半干旱及干旱区喀斯特地带的活动也会产生水土流失，发生基岩裸露，造成土地退化，形成石漠化的现象。因此，石漠化定义也不应该局限于热带、亚热带的湿润、半湿润地区。云南石漠化分布地区除热带、亚热带的湿润、半湿润地区外，还有温带、寒温带地区、干旱及半干旱地区。云南纳入我国石漠化综合治理的地区包括了青藏高原东南缘的迪庆藏族自治州高原温带地区，红河哈尼族彝族自治州北部、澜沧江及怒江河谷的半干旱地区，红河、金沙江河谷的"干热"地区。因此，我们认为石漠化是荒漠化的一种特殊形式，是指在岩溶地区受人为活动干扰，地表植被遭受破坏，土壤严重流失，基岩大面积裸露或砾石堆积，土地退化和丧失的现象。

1.2　我国石漠化的地域分布

我国石漠化主要发生在以云贵高原为中心，北起秦岭山脉南麓，南至广西盆地，西至横断山脉，东抵罗霄山脉西侧的岩溶地区。行政范围涉及贵州、云南、广西、湖南、湖北、重庆、四川和广东 8 省(区、市)520 个县(云南全面调查后新增 57 个县)，国土面积超过了 107.1 万 km^2，岩溶面积超过了 45.2 万 km^2，是世界上面积最大的石漠化地区，由于开发历史悠久，人口压力大，土壤流失、土地退化现象严重，问题最为突出。该区域还是珠江源头、长江水源重要补给区、南水北调水源区、三峡库区，生态区位十分重要。各省(区、市)石漠化面积排名为云南、贵州、广西、湖南、湖北、重庆、四川和广东。以云南、贵州、广西最为严重。资料表明我国平均每年石漠化增长的面积约为 $2500km^2$(孙鸿烈，2002)，并不比沙漠化的扩张速度慢。但近年来由于积极治理，石漠化增长的势头得到了遏制。

1.3　石漠化形成的机理及原因

1.3.1　岩溶致密坚硬

与国际岩溶对比表明，东南亚、中美洲等地的新生界碳酸盐岩，孔隙度高达 $16\%\sim40\%$，具有较好的持水性，新生代地壳抬升也较小，喀斯特双层结构带来的环境负效应和石漠化问题都不是很严重。但在我国喀斯特地区由于不同地质时期的构造运动叠加产生的明显的地表切割度和陡峻的山坡，为水土流失提供了动力潜能，加之碳酸盐岩致密、坚硬，生态敏感度高，环境容量低，抗干扰能力弱，稳定性差，森林植被遭受破坏后，极易造成水土流失，基岩裸露及旱涝灾害(何才华等，1996；袁道先，1997，2000，2001；屠玉麟，1997；王世杰等，1999)。

1.3.2　成土速率太慢

石质荒漠化地区每形成 1cm 土壤需要 8000 年的漫长时间。根据岩性的不同，也有人提出每形成 1cm 土壤时间为 $2000\sim4000$ 年不等。不管是前者还是后者，此种形成速度可以视为土壤流失后就难以再生(王世杰等，2002)。

1.3.3　土壤冲刷严重

受季风气候的影响，我国石漠化地区夏季雨量集中，降雨成了土壤侵蚀的动力，强度降雨对坡耕地及植被稀疏的岩溶山地裸露的土壤产生冲刷，造成水土流失，加剧了石漠化的发生与发展。

1.3.4　岩石、土壤界面之间缺乏过渡，土壤容易流失

由于碳酸盐岩母岩与土壤之间通常存在着明显的软硬界面，使岩土之间的亲和力与黏着力变差，土壤易于流失。岩溶区土石间和土层内部上、下层间存在的这两个质态不

同的界面，使土壤产生壤中流，形成土层潜蚀、蠕动、滑移等坡面侵蚀方式（李海霞，2006）。

1.3.5 土壤、水分通过裂隙或孔隙丢失

这是岩溶地区特有的一种流失方式。它不是由地表径流引起的远距离的物理冲刷导致的水土流失，而是通过碳酸盐母岩间的裂隙或碳酸盐母岩中存在的孔隙直接流失，使得溶蚀残余物质或土壤颗粒"垂直丢失"，"从根本上制约了地表残余物质的长时间积累和连续风化壳的持续发展"。

1.3.6 人为因素

有关石漠化形成的原因可以归结为乱砍滥伐、毁林开荒、不合理的土地开垦、森林开发、重采轻造、只采不造、不合理的矿山开发等人为原因。

我们以云南开远市、建水县为重点，对这一地区森林植被的变化、石漠化的形成作了初步研究。

1. 第三纪时开远等地的森林概况

老第三纪早期，云南大部分地区为准平原状，古地理学研究表明当时极地与赤道的温差不似现在悬殊。北半球亚热带的北界在北纬40°附近。我国的位置比现在更靠南。此时开远、建水等地气候湿热，森林广布。

新第三纪时，不断进行的喜马拉雅运动改变了云南的面貌，云南高原也在印度板块与欧亚板块的冲撞中不断抬升。根据对开远市小龙潭煤矿第三纪褐煤化石孢粉组合的分析，这一带当时分布着常绿阔叶林，组成中主要有樟科、胡桃科、壳斗科、槭树科、豆科、八角枫科、山茱萸科、胡颓子科和鼠李科植物，林下多蕨类植物。森林分布的另一佐证是从开远市小龙潭煤矿发掘出的森林古猿化石。由于具有广袤的森林及较为湿热的气候，才有了腊玛古猿生存的环境。

自第四纪以来，地球出现了冰期及间冰期，气候向干冷方向转变，但这一带从未被冰盖覆盖过，滇东南地区成了第三纪古老、孑遗植物的避难所之一（吴征镒，1979）。新近在这一带发现的红河苏铁（*Cycas hongheensis*）、元江苏铁（*Cycas parvulus*）、滇南苏铁（*Cycas diannanensis*）、蔓耗苏铁（*Cycas pectinata* sub. *manhaoensis*）、多歧苏铁（*Cycas muntipinata*）、长柄叉叶苏铁（*Cycas longipetiolata*）、多胚苏铁（*Cycas multiovula*）就是例证。苏铁是现今最古老的裸子植物，在一个局部范围内能有如此众多的苏铁出现，只能说明这一地域植物生存的历史是悠久的。

2. 三百年前这一地区森林的概况

清朝乾隆年间，进士赵翼（1727~1814年），曾穿越林海到中越边境的河口公干，后作《树海歌》一首抒发情怀，赞叹沿途看到的多彩多姿的广袤森林。

《树海歌》全文如下：

> 洪荒距今几万载，人间尚有草味在。
> 我行远到交趾边，放眼忽惊看树海。
> 山深谷邃无田畴，人烟断绝林木稠。

禹刊益焚所不到，剩作丛箐森遐陬。

托根石罅瘠且钝，十年犹难长一寸。

径皆盈丈高百寻，此功岂可岁月论。

始知生自盘古初，汉柏秦松犹觉嫩。

支离夭矫非一形，尔雅笺疏无其名。

肩排枝不得旁出，株株挤作长身撑。

大都瘦硬干如铁，斧劈不入其声铿。

苍髯猬磔烈霜杀，老鳞虬蜕雄雷轰。

五层之楼七层塔，但得半截堪为楹。

惜哉路险运难出，仅与社栎同全生。

亦有年深自枯死，白骨僵立将成精。

文梓为牛枫为叟，空山白昼百怪惊。

绿阴连天密无缝，那辩乔峰与深洞。

但见高低千百层，并作一片碧云冻。

有时风撼万叶翻，恍惚诸山爪甲动。

我行万里半天下，中原尺土皆耕稼。

到此奇观得未曾，榆塞邓林讵足亚。

邓尉香雪黄山云，犹以海名巧相借。

况兹荟翳径千里，何啻澎湃重溟泻。

怒籁吼作崩涛鸣，浓翠涌成碧浪驾。

忽移渤遘到山巅，此事直教鼍衍诧。

乘蓝便抵泛舟行，支筇路北刺篙射。

归田他日得雄夸，说与吴侬看洋怕。

全诗字字在描述这一带森林的广袤，生态环境的原生性。可见到 18 世纪中叶，这里仍是被森林所覆盖的地方。估计，这里的森林面积占国土面积的 85% 以上。

3. 三百年来森林的巨变

这一地区现今森林日趋减少。以开远为例：《开远林业志》载，民国初期至 1934 年，开远森林面积减少了 100 万亩，森林面积下降了 38%；1934~1990 年，森林面积减少了 129 万亩，森林面积下降了 80%。据此推算，清初时开远森林覆盖率应为 85% 以上，至 1934 年时降为 56%，1990 年时为 11.9%，石漠化治理前为 10% 左右。

造成森林减少的主要原因是：①以锡矿为主的矿山开发大量消耗了森林；②铁路、公路修建加速了森林的消耗；③战争对森林的破坏；④不合理的工业采伐对森林的消耗；⑤以森林为代价来发展经济造成的消耗；⑥生活用材对森林的消耗。

1) 个旧锡矿开发大量消耗了森林

《汉书·地理志》载："武帝改滇王国为益州郡，中有贲古县(即现今个旧市、蒙自市)，其北采山出锡，西羊山出银、铅，南乌山出锡。"自乾隆起，银矿渐竭，遂以采锡为主。雍正二年至嘉庆十七年(1724~1812 年)，产锡 150 万斤，以后越采越多，至滇越铁路通车时年产量达 6000t，1917 年后产量已达万吨以上。由于锡砂碉梁所需矿柱的砍伐及炼锡燃料之需，开远、建水、个旧、蒙自、石屏等县的森林逐步被砍光。郭恒在《云南之自然资源》中写道："滇省土法炼矿，皆以薪柴木炭，以数十至数百年之取用，矿山附近森林几乎已砍伐殆尽，势不得不由远处取得薪炭而维持矿山之作业"。《个旧县志》载："个邑原有之天然林，因采矿炼锡用楗木薪炭，业已砍伐殆尽。"1940 年，郝景盛教授在《云南林业》中谈到，"蒙自附近之山在不久之前尚有天然林存在，后因个旧锡业发展，大量用木炭，每年炼锡用木炭在 750 万 kg 以上，最初取自蒙自山林，后至建水，现已用至石屏山林，而石屏山林又将砍伐殆尽矣"。1943 年，建水县政府在《建水县三十二年施政计划》中写道："建水县因受个旧炼锡之影响，天然森林砍伐殆尽，濯濯童山，举目皆然"。《开远县志》载："民国初期，开远炭业兴起，主销个旧。"

2）铁路、公路修通后加速了森林的消耗

1904～1910 年，滇越铁路云南段修建并全线通车。1942 年，昆明—蒙自公路通车。新中国成立后形成了四通八达的公路网。铁路、公路的修通促进了经济的发展，但同时也消耗了大量的森林。铁路、公路通到哪里，森林就被砍到哪里，这是森林被砍伐破坏的第二个原因。

3）战争对森林的破坏

抗日战争时期，为对付企图从越南北进的日军，这一带大量驻扎了军队，修工事、砍薪材、驻军加工林产品牟利使森林被大面积破坏掉。开远县政府《1947 年施政计划》中写道："本县素产木材，惟在抗战期间，大军云集，附近林木几乎砍伐殆尽。"

4）不合理的工业采伐对森林的消耗

新中国成立后为恢复经济、发展生产，这一带被定为采伐基地，开远等县成立了采伐队伐木支援个旧锡矿、乌格煤矿及昆明市的建设，大量森林被采伐。据统计，自新中国成立以来红河哈尼族彝族自治州共生产 500 万 m³ 木材支援国家建设。由于科学技术水平不高，森林的更新一直不成功，年年造林不见林，加大了荒山面积。

5）以森林为代价发展经济的模式对森林的消耗

1958 年开展的大战钢铁大办公共食堂运动大大消耗了森林。开远市兴建高炉 1232 座，消耗薪材 2.77 万 m³，兴办公共食堂消耗薪材 5.47 万 m³。建水县曲江镇五马寨在此运动中滥伐林地 3 万亩①。为了实现大跃进，各森工采伐队加大了采伐力度，由于过量采伐，建水县堆积在林区运不出去的木材就达 1.1 万 m³ 之多。为了发展经济，民族地区刀耕火种的习俗禁而不止，一片片森林被开作农地，3～5 年后地力下降又开新地。为扩大耕地砍伐森林，为种香蕉、香茅砍伐森林；为种烤烟砍伐森林。经济的发展是以森林的急速消耗为代价的。老百姓烧瓦、制糖、烤酒、烧石灰、烧砖，都是以森林为燃料，经济发展了，森林消耗了。

---

① 1亩≈666.7m²。

6）生活用材对森林的消耗

据统计，近年来这一地区 69％的森林消耗在薪材方面。其他消耗如森林火灾，也使当地森林日渐减少。

前面已谈到了开远市的森林覆盖率由 85％降到了 10％左右，大量裸地的形成加剧了水土流失的程度。生态环境越来越恶化，我们测定了开远市实验地区的水土流失情况，其侵蚀模数为 6500～9500t/（km² · a），大于珠江上游的平均侵蚀模数。建水赤红壤上的侵蚀模数更高。由于森林的破坏，自然灾害发生的频率越来越高，程度越来越强，造成的损失越来越大。《开远林业志》载，"20 世纪 50 年代后开远的年平均降雨量只相当于前 20 年平均降雨量的 87.1％，减少了 124mm。50 年代前大旱 37 年一遇，50 年代后为 10 年一遇，后期为 3 年一遇"。

森林的大量消失恶化了环境，加上这一地区处于西南季风及东南季风的背风区，雨量稀少，河谷地段焚风效应明显，又值石灰岩山地漏水，土薄，面积大，植被的恢复十分困难。

1.4 石漠化的危害

1.4.1 土壤物理化学性质的恶化

石漠化发展过程中，土壤有机质淋失量不断增加，从而导致了其他养分物质含量和阳离子交换量的减少，肥力下降，生产力降低（王德炉等，2004）。石漠化造成土壤肥力下降，如云南通海盆地每年土壤侵蚀量 28 万 t，其中每年因此而流失的有机质、总氮、总磷分别为 5698t、345.8t 和 354.2t（王宇，2005）。

森林环境的丧失、物种的减少破坏了生物小循环，整个生态系统处于无补充的完全输出状态。土壤的容重增大，坚实度增加，而孔隙度降低，土壤结构恶化，有机质含量大幅度降低。地表枯落物层也逐渐减少直至消失，这种现象在石漠化地区使地表水与地下水之间的良性循环向着恶性循环转变，水分储量大大减少，散失速度加快，生态系统向干旱生境退化。

1.4.2 生态环境日益恶化

石漠化导致了水土流失加速，土层变薄变瘦，基岩大量裸露，土壤肥力下降，作物单位面积产量降低。地表水源涵养能力的降低造成井泉干涸、河溪径流减少，加剧了人畜的饮水困难。地表涵养水分能力的降低，还导致旱涝灾害频繁发生。

云南省岩溶地区治理开发协会提供的资料显示，云南省 1950～1985 年的 36 年中，较大的洪涝有 15 次，大旱 14 次，平均每 2～3 年出现 1 次；最近 10 余年来，常出现三年两头大旱或连续干旱或先旱后涝。大旱大涝最严重的地方几乎都是喀斯特石漠化集中地区。昭通、曲靖、文山、红河等云南石漠化集中的地区的大灾发生频繁，已由原来的 14 年 1 次上升到现在的 3 年 1 次（郭云周等，2001）。

1.4.3　农业生态系统结构失调，土地逐步减少

随着人口增长、土地稀缺，导致森林覆盖率急速下降，造成严重的水土流失，农业生态环境日益恶化，形成"人口增加→陡坡开荒→植被减少、退化→水土流失加重→石漠化→贫困"的恶性循环。西南喀斯特石漠化正是由于脆弱的生态经济系统遭受长期破坏，造成系统结构失调、功能降低的结果（王世杰，2002）。石漠化还造成了可利用耕地减少。云南砚山县红甸乡、莲花乡，2000年与1975年对比，岩溶分布区原有耕地面积减少了10%左右（王宇，2005）。

1.4.4　毁坏生态景观，破坏生物多样性

由于石漠化的发展，造成生态系统内种群数量下降，植被结构简化，如云南石林县国道附近，原来的层次复杂的常绿阔叶林变成了层次简单的华山松林，林中病虫害不断。据样方调查，云南红河哈尼族彝族自治州石漠化地区的铁橡栎林变成了稀树灌木草丛，林中原有50余个物种，石漠化发生后仅有10余个物种存在。乔木层消失，灌木层树种减少，草本层变成了以扭黄茅（*Heteropogon contortus*）、黄背草（*Themeda triandra* var. *japonica*）、硬秆子草（*Capillipedium assimile*）、臂形草（*Brachiaria villosa*）等耐干热的禾本科草类为主的层次。变叶翅子树（*Pterospermum proteus*）也仅存百株左右。栖息地的丧失使林中的动物种类越来越少。生态系统逆向演替使地表呈现出类似荒漠化景观。

1.4.5　危及社会安定，影响国土安全

石漠化地区是我国贫困人口最集中连片的地区，也是西南少数民族的聚居区。至今仍有许多群众未能脱贫。石漠化地区人畜饮水十分困难。石漠化导致土地资源短缺和区域贫困，部分喀斯特地区的居民丧失生存条件，可能会危及社会安定。

石漠化不但影响着长江、珠江的安全，还影响着国际河流红河、澜沧江、怒江的安全。广西红水河20世纪80年代同50年代相比，输沙量增加了1倍，已达每年6652万t。河水泥沙含量已达1.41kg/m³，在高峰期已超过黄河的含沙量。持续不断的大量泥沙淤积正成为制约沿河水电工程发挥综合效能的障碍，并降低泄洪能力，直接威胁下游珠江三角洲地区和港澳特区的生态安全（绿色时报，2007年1月17日）。云南红河、澜沧江及怒江是国际河流，严重的水土流失还影响到下游东南亚国家的生态安全。

1.4.6　对石漠化推进速度的预测

有学者预测，贵州省石漠化面积平均每年以1800km²的速度推进，耕地面积每年则以11.4万亩的速度在减少；云南省"喀斯特"石漠化面积占"喀斯特"总面积之比已由新中国成立初期的7%，上升到现在的30%（程正军，2002）；广西岩溶地区石漠化土地每年仍在以3%~5%的速度扩展（绿色时报，2007）。中国工程院分析预测，西南地区石漠化土地如不及时治理，按照现在的推进速度，其规模在25年内还将翻一番（程正军等，2003）。

当然，随着珠江、长江防护林工程、天然林保护工程、退耕还林工程、石漠化治理工程的实施，石漠化进程已得到了遏制。

1.5　国外岩溶地区的治理

世界岩溶总面积达 $51\times10^6\,km^2$，占地球总面积的 10%。从热带到寒带、由大陆到海岛都有喀斯特地貌发育。美洲、欧洲、澳大利亚等地区由于人口压力较小，开发历史较短，国情及岩石特性不同于中国，问题较易解决，这些地区通过水利水电建设及发展旅游业改善了当地群众的经济状况，从而减少了人们对山林的破坏，通过封山育林，植被得以自然恢复。

1.6　从山地治理阶段到综合治理阶段

1.6.1　石漠化山地治理阶段

1996 年，西南林业大学李乡旺等人开始在破坏严重、气候干热的云南红河哈尼族彝族自治州北部特殊石漠化地区进行治理，由于石漠化地区原生植物大都不复存在，只好通过对土壤理化性质的分析及对当地原生树种的理性认识设计治理物种，对试验物种植物结构进行解剖分析，对试验物种抗旱性、耐寒性进行生理指标评估，再经过种植试验，最后优化出适生物种并进行搭配组装，形成针阔混交、乔灌草结合的治理模式或灌草模式。经过多年的观察，人工群落的结构是基本稳定的。

我国石漠化地区环境条件不同，气候条件有异，治理难点也不尽相同。云南石漠化类型具有多样性，除湿润、半湿润、热带、亚热带的石漠化类型外，还有干旱、半干旱、温带、寒温带的石漠化类型。在许多环境恶劣的石漠化地区，首先要使石漠化山地得到覆盖及治理，要摸索半干热、干热地区及位于青藏高原东南缘高寒石漠化地区的治理方法，因此生态治理成了云南省石漠化治理应首先树立的理念。我们提出了适地适树、适地适草、宜乔则乔、宜灌则灌、宜草则草，提倡以针阔混交、乔灌草结合、兼顾经济林木或经济作物为原则。多年来各省石漠化治理形成了封山育林模式、补乔植灌模式、乔灌草混交模式、针阔混交模式、灌草结合模式、混农林业模式、药材种植模式、经济林种植模式、高海拔地区优质牧场模式。

1.6.2　综合治理阶段

近年来在国家的主导下，考虑到石漠化地区群众生产生活条件的改善及脱贫致富的需要，石漠化治理进行到了农林牧副水结合、山水田林路综合治理的阶段。由各级发展与改革委员会牵头，农林牧水部门参与石漠化综合治理工作。根据国家的部署，2006～2010 年作为石漠化综合治理的试点阶段，2011 年至今为综合治理全面铺开阶段。

综合治理需要规划，规划就涉及分区。国家林业局以石漠化山地植被恢复为主，将我国石漠化区域按地理位置及气候带分为 4 个一级区、13 个二级区，这在 LY/T 1840—2009 喀斯特石漠化地区植被恢复技术规程中有充分的反映。Ⅰ. 两广热带、南亚热带区，按地理位置及地貌分为三个亚区；Ⅱ. 云贵高原亚热带区，按流域水系分为五个亚区；Ⅲ. 湘鄂中低中丘陵区，按地理位置及地貌分为三个亚区；Ⅳ. 川渝鄂北亚热带区，按地理位置及地貌分为两个亚区。分区从宏观上指导了全国的石漠化山地治理工作，但对云贵高原按水系划分治理区域似乎有些勉强，况且云南的石漠化不仅仅发生在长江、珠江流域，还发生在澜沧江、怒江流域；不仅发生在亚热带气候下，还发生在热带、温带、寒温带气候条件下。2008 年，国务院批复的《岩溶地区石漠化综合治理规划大纲》(2006~2015 年)对治理进行了治理分区区划。该区划以"岩溶地质地貌、水文结构特征"为主要因素，将石漠化地区划分为 8 个区：中高山石漠化综合治理区、岩溶断陷盆地石漠化综合治理区、岩溶高原石漠化综合治理区、岩溶峡谷石漠化综合治理区、峰丛洼地石漠化综合治理区、岩溶槽谷石漠化综合治理区、峰林平原石漠化综合治理区、溶丘洼地(槽谷)石漠化综合治理。给人的感觉是划分过于"宏观"，可操作性不强。

石漠化山地治理首当其冲的是植被的修复，有了植被的恢复才有水土流失的遏制，土壤结构的改变，土壤肥力的增加，秀美山川的再现。植被修复就要考虑"适地适树、适地适草"，要"适地适树、适地适草"就要考虑立地条件，那么年均温、活动积温、最高温、最低温、降雨特点、降雨量、干燥度、可能发生的灾害性天气评估、土壤类型、土壤 pH 以及影响上述因子再分配的海拔、坡度、坡向等因素，就成了影响初步设计、实施方案中植物措施的主要因素。上述条件对工程措施的部署也有影响，一是便于安排工期，二是使设计更加合理。调查发现在半干旱地区地势较平缓的云南建水县修建拦沙坝，既浪费经费又浪费人力、物力，因为无砂可拦。而在坡度陡峻，雨量较多，植被破坏严重、易于发生泥石流的湿润地区，例如云南东北部的大关县，修建拦沙坝群才显现出治理效果。因此，在细化各省区石漠化区域划分时应该充分考虑地形地貌、气候、土壤等环境因素。

本书在对云南 65 个石漠化综合治理县(市、区)现场调查的基础上，以年积温天数、干燥度为主，地带性土壤为辅，参考年均温、极端天气、年降雨量、灾害性天气，结合山脉、地形、地貌、季风特点、地带性植被等综合因素，将云南 65 个石漠化综合治理县划分为 7 个区域 10 个亚区 19 个小区。这种划分较为精细，可操作性较强。希望能对云南的石漠化治理起到些许作用。

第 2 章　云南石漠化综合治理区域划分

按照不同的环境条件，划分不同的石漠化区域，对不同的石漠化区域采取不同的植物措施及工程措施，对石漠化综合治理来说是十分重要的。

植物是栽种在土壤中的活的生命体。土壤是气候、降雨量及基岩长期以来化学作用及物理作用的结果，不同的温度、降雨量、基岩种类会形成不同的土壤类型。土壤类型、土壤厚度、所在的海拔及坡向、坡度就是我们常说的立地条件。立地条件是石漠化治理中植物措施的基础。影响气候的因素有地形、地势、地貌、热量、降雨量等，为了巩固石漠化治理成果，还必须考虑灾害性天气现象对生物措施的影响。

作为工程措施，环境因素对其也有影响。水窖、蓄排水设施及拦沙坝等工程措施的设置与地形、地势、气候密切相关。调查发现，在一个地势相对平缓、降雨量不高、泥石流发生的概率相对较低的地方设置拦沙坝，无疑是一种浪费。而在地势陡峻、雨量集中、泥石流容易发生的地方则必须设置拦沙坝群。

研究石漠化区域划分有关的环境要素，在此认识的基础上找出规律性变化，才能合理划分云南石漠化区域类型。

2.1　影响云南石漠化综合治理区域划分因素

2.1.1　间接影响的环境因子

1. 地貌

云南地貌总体上说是高山峡谷相间、地形波浪起伏。云南地貌可以分为三大台阶：第一台阶为德钦、香格里拉；第二台阶为云南高原；第三台阶为云南南部边境地区。不同地貌有不同的气候条件及土壤条件，形成了与之相适应的植物、植被。岩溶地区石漠化综合治理必须考虑地貌带来的影响，它是划分石漠化治理区域必须考虑的因素。

2. 地形地势

云南为山地高原地形。地势西北高、东南低，自西北向东南呈阶梯状逐级下降，省内最高点为梅里雪山的卡格博峰，海拔 6740m；最低点为河口县红河出水口处，海拔 76.4m，云南地形图如图 2.1 所示。地形影响工程措施类型及资金投入，影响立地类型的确定及物种设计，是划分石漠化治理区域必须考虑的因素。

云南主要的山脉见图 2.2，左上向右为高黎贡山、怒山、云岭、白芒雪山、哈巴雪山、玉龙雪山、绵绵山、白草岭、三台山、拱王山、五莲峰山、梁王山、乌蒙山；左下开始为永德大雪山(老别山)、帮马山、无量山、哀牢山、六诏山。

河流：从左到右为怒江、澜沧江、金沙江、李仙江、元江、南盘江。

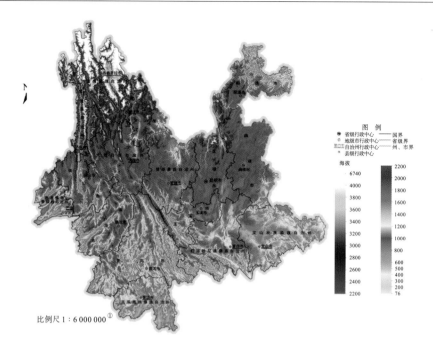

比例尺 1:6 000 000 ①

图 2.1　云南地形图

图 2.2　云南山河示意图

引自陈宗瑜《云南气候总论》

---

① 1Miles=1.609344km，全书同。

1）海拔

气温随海拔增加而降低。海拔增加，空气湿度和降雨量也随之增加，高海拔地区因温度低湿度大，枯落物分解较慢而积累增多，淋溶过程和灰化过程加强，土壤酸度较高。因此，一个树种只能分布在一定的海拔范围内。

2）对云南气候有深刻影响的哀牢山及乌蒙山

北方南下冷空气进入四川、贵州后，由于有乌蒙山的阻挡很难进入云南腹地。常在乌蒙山区形成"昆明准静止锋"。昆明准静止锋常年在此摆动，只有十分强大的冷空气才能越过乌蒙山爬上云南高原。昆明准静止锋是极地大陆气团与热带大陆气团的交界面。昆明准静止锋东部的贵州等地阴雨连绵，而西部的昆明等云南高原地区则艳阳高照。

哀牢山对于入侵云南的冷空气存在明显的阻挡作用，在它的西侧几乎常年没有冷空气活动。而且由于与印度季风几乎成正交，使得滇西南地区降水丰沛。哀牢山两侧的气候，尤其是降雨量是有差异的。哀牢山两侧气象要素对比如表 2.1 所示。

表 2.1 哀牢山两侧气象要素对比表

项目	哀牢山以东						哀牢山以西					
	红河	广南	文山	蒙自	新平	平均	景谷	镇沅	墨江	思茅	临翔	平均
海拔/m	974	1037	1001	1845	949.6		1279	1254	1335	1507	1171	
降雨量/mm	849	1038	1002	845	950	936.8	1279	1254	1335	1507	1170	1309
最冷月均温/℃	13.0	8.2	10.4	12.1	10.6	10.9	13.5	11.6	11.3	11.3	10.6	11.7
≥10℃积温/℃	7093	5125	5788	6271	5713	6998	7371	6555	6264	6254	6063	6501

3）坡向、坡度

坡向是立地类型的重要组成因子，不同坡向光照时间不同，光照强度也不同，光合作用及呼吸作用的强度因此不同，这样，坡向就影响着水热条件的再分配。坡度影响土壤的厚度及肥沃程度、水土流失的强度。

3. 季风

云南大气环流基本属于我国西部季风（南亚季风）的范围。干湿季分明，年温差小。西北受西藏高原南支西风环流的影响较深，季节性变化较为明显。东面与东亚季风区域相连。

云南东面和北面处于东亚季风影响下的湿润气候区域，西面与南亚次大陆的季风热带相邻，常受孟加拉湾吹来的暖湿气流影响，西北部受青藏高原气候的影响，南面及东南面则受北部湾东南季风影响。图 2.3 为影响云南主要的水气通道示意图。

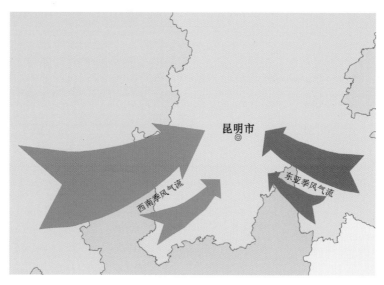

图 2.3　影响云南主要的水气通道示意图
根据《云南气候总论》

2.1.2　直接影响的环境因子

1. 光照

光照几乎对植物的整个生长过程都有不同程度的影响。植物生长发育所需的干物质积累主要来源于光合作用,光照(太阳辐射)则是植物进行光合作用的能量。按粗略的估算,陆生植物每克干物质所含能量约为 18.8kJ。植物吸收太阳辐射中的大部分生理辐射,其中至少一部分(约 1‰~2‰)通过光合作用转化为化学能,以有机物的形式加以存储,其余大部分转化为热能,消耗在叶子的蒸腾作用上,一部分维持体温并与周围空气进行热量交换。

光照强度与光合作用强度关系密切。在微弱的光照条件下植物的光合作用较弱(光合效率低),此时呼吸作用消耗的有机质超过光合作用合成的有机质,随着光照强度的增加,光合作用逐渐加强。当光合作用合成的有机质刚好抵消呼吸消耗的有机质时,此时的光照强度成为光补偿点;若植物长期处于光补偿点以下,则生长停滞,直至死亡。随着光照强度的增加,光合作用强度也随之提高。当光照强度增加到一定程度后,光合作用提高的速度逐渐趋于平缓,当光照强度继续增加,而光合作用强度不再提高时,这时的光照强度称为光饱和点。光补偿点和光饱和点因树种不同而有很大差异,在农林生产及石漠化治理中有重要意义。喜光植物在全光照下生长达到最大值,耐阴植物则在低于全光照 20% 时达到最大值。充足的阳光还能促进苗木根系的生长,形成较大的根茎比,在庇荫条件下叶片的面积与重量的比值增加。光照强度对树冠和树干的形成、枝的数量和它的生长、死亡等都有密切联系,从而影响树木形态。植物长期在某种环境条件下生长,形成了对光照条件不同的适应。根据植物对光照的适应,我们把植物分为阳性植物、耐阴性植物、中性植物。

光照条件还与植物的开花、生长、休眠相关。治理物种设计必须考虑植物是长日照、短日照植物还是中性植物。长日照植物每天光照时数要超过 12h 才能形成花芽；短日照植物每天光照时数少于 12h，但需多于 8h，才能开花结果；中性植物开花受日照长短的影响较小，只要经过一段营养生长后，其他条件适宜就能开花。

一般而论，延长日照能使树木的节间生长速度和生长周期都增加，缩短日照则生长减缓而促进芽的休眠。事实上植物的开花、生长、休眠一般都与其分布区的光周期变化相适应。在高纬度地区，夏季长日照条件下，植物迅速生长开花，而到了秋季，由于日照时间变短便及时进入休眠以度过严寒。在热带低纬度地区，全年日照时间相差较小，植物可终年生长，无明显休眠期，四季都有植物开花。

气象部门认为，云南省的光照充足，尚有潜力可挖。云南光能有两个高值区、三个低值区。云南光能潜力图如图 2.4 所示。

高值区：①以元谋、丽江、宾川、昆明为中心的地区；②以思茅为中心的地区。

低值区：①滇东北地区；②滇南地区(河口县等滇东南季风入口)；③怒江河谷地区。但都有潜能可挖。

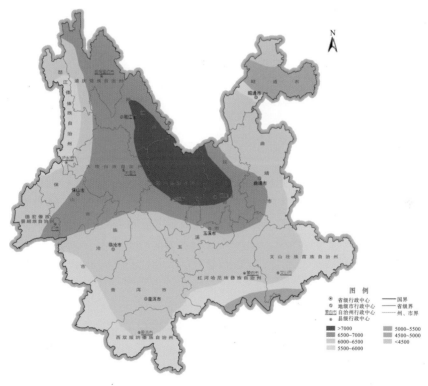

图 2.4　云南光能潜力图
根据《云南气候总论》

2. 温度

任何生物都是生活在具有一定温度的外界环境中，并受着温度变化的影响，对于植物来说所要求或适应的温度是比较狭窄的，一般在 $-5 \sim 55℃$，超出则不能生存。生物生命过程的所有现象都离不开一定的温度。温度关系着植物的各种生理活动、生态特性、地理分布等，这些都显示了温度的重要作用。

温度对植物的影响。首先是通过对植物各种生理活动(如光合作用、呼吸作用、蒸腾作用)的影响表现出来。植物的各项生理活动都是在一定的温度范围内进行的,存在着3个基本点温度:最低温度、最适温度和最高温度。从最低温开始到最适温,生理活动开始并逐渐加强到最旺盛,高过最适温以后,生理活动逐渐减弱到最高温停止。低于最低温度和高于最高温度,生理活动都会停止。各种生理活动所需的温度(三基点)是不一样的。通常呼吸作用温度范围比光合作用广。

木本植物光合作用的最适温度是 $10\sim35℃$,温带树种最适于光合作用的温度是 $20\sim30℃$ 。热带树种只能在 $7℃$ 以上的温度下才能进行 CO_2 同化,而温带和寒带植物甚至在 $0℃$ 以下还可以同化 CO_2 。温度超过 $50℃$,绝大多数树木的光合作用停止。当温度超过光合作用的最适温度时,树木的光合作用强度已开始降低,而呼吸作用强度仍不断增强,从而不利于有机物质的积累。植物处在补偿点以上的温度条件下,呼吸作用强度大于光合作用,植物不仅不能积累,还要消耗原来贮存的有机质。时间越久植物越感到"饥饿",终至死亡。

温度影响蒸腾作用。温度高低改变空气湿度,从而影响蒸腾过程;温度的变化又直接影响叶面温度和气孔的开闭,并使角质层蒸腾与气孔蒸腾的比发生变化。温度越高,角质层蒸腾的比例越大,蒸腾作用也越强烈。如果蒸腾作用消耗的水分超过从根部吸收的水分,则树木幼嫩部分可能发生萎蔫以至枯黄。一般树木种子在 $0\sim5℃$ 开始萌动,树木生长的温度范围是 $0\sim45℃$,在此范围内,温度升高生长加速。不同地理地带生长的树木对温度的要求不同。橡胶、椰子等热带树种在月平均温 $18℃$ 以上才开始生长,柑橘等亚热带果树在 $15\sim16℃$ 开始生长,温带果树在 $10℃$ 甚至更低时就开始生长了。不同树种的生长期长短不一样,在热带,树木全年都在生长。温度对于开花结实也有明显的影响。源于寒冷地区的树种,低温常是它们发育所必需的条件。如果得不到所需的低温就不能开花结实。中林美荷速生杨是欧洲杨与美洲杨及其变种杂交育成,在新疆表现得很好,但到了云南高原山地,没有了它所需要的低温,虽能进行营养生长,生长表现却不好。

植物对温度的适应范围或要求。通常可以用该种树种分布区内的平均气温或者生长期的平均温度,最热月(通常是7月)和最冷月(通常是1月)的平均温度表示。积温法被广泛用于树种的需热量。所谓积温就是指整个生长期内或某一发育阶段内,高于一定温度数以上的日平均温度总和。分有效积温和活动积温两种。这样既可计算某树种完成整个发育的总需热量,也可以计算其完成某个发育期的需热量。温度影响着植物的生理过程和生长发育,树木为完成其生长发育也需要一定的热量。因此,温度条件决定了植物的地理分布。我国以积温(日温 $\geqslant10℃$ 的持续期内日平均温度的总和)为主要指标,共分为6个热量带(高原和高山除外),各个热量带内有最典型的树种和植物。极端高温和极端低温是限制植物分布的最重要因素。温度也是影响树种分布的重要因素,是引种工作需要考虑的重要条件。石漠化治理需要引种,就要注意引种地与原产地的气候相似性原则,也就是说,把树种引种到温度条件与原产地相似的地方比较容易成功。

云南年平均气温分布图、活动积温分布图和最冷月平均气温分布图分别如图2.5、图2.6、图2.7所示。年均温与活动积温、最冷月均温变化规律相似,从南到北逐渐降低,但哀牢山以东及以西有所差别。受地形、地貌、海拔变化影响,云南的气温不随纬度及经度而呈有规律的变化。

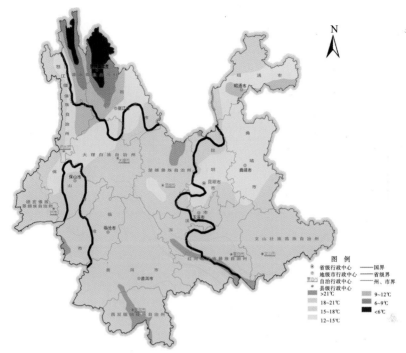

图 2.5　云南年平均气温分布图

注：黑线以内为云南省岩溶地区重点治理县范围

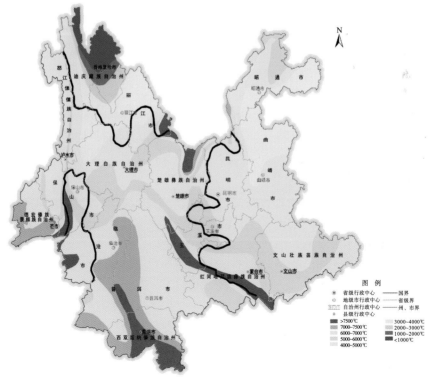

图 2.6　云南活动积温分布图

注：黑线以内为云南省岩溶地区重点治理县范围

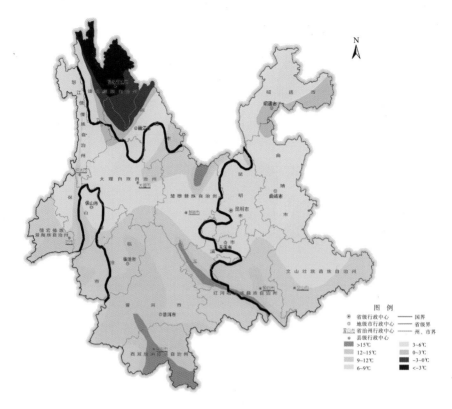

图 2.7　云南最冷月(1 月)平均气温分布图

注：黑线以内为云南省岩溶地区重点治理县范围

3. 降雨

　　水分不仅是自然界的动力，而且是生命过程的介质和氢的来源，是地球上所有生物赖以生存的必要条件，只有在一定的水分条件下，才可能有植物的生长和森林的分布。"哪里有水，哪里才有生命"。植物通过根系从土壤中获得水分，土壤水分从大气降水中获得，降雨量对植物的生长十分重要，尤以生长期内的降雨量影响最大。生长期内的降雨量与树木的直径生长呈正相关。

　　植物对水分的需要是指植物在维持正常生理活动的过程中，所吸收和消耗的水分。植物的需水量常常可以用蒸腾度来表示。阔叶树的蒸腾强度大于针叶树；热带树种大于温带树种；幼龄期大于老龄期；抽枝发叶和高径生长旺盛期大于休眠期。在自然界不同的水分条件下，适生着不同的物种。如干旱的山坡上常见松树生长良好；在水分充足的山谷、河旁，旱冬瓜生长旺盛。大气和土壤干旱，会降低树木的各种生理过程，影响其生长、产量和品质。有些树种却可忍受长期的天气干旱，并能维持正常的生长发育，这些树种被称为耐旱树种。有较强的抗旱性，其原生质具有忍受严重失水的适应能力，在面临大气和土壤干旱时，或保持从土中吸收水分的能力，或及时关闭气孔，减少蒸腾面积以减少水分的损耗，或体内贮存水分和提高输水能力以度过逆境。

　　降雨量多少影响植被的分布。由于一个地区的水分条件决定于降雨量和蒸发量的对比关系，云南省气象局用干燥度划分气候型，表示植物对水分的可利用性。所谓干燥度

（K）是指可能蒸发量(蒸发力)与降雨量的比值。

用 $K=E_0/R$ 来表示(K=干燥度；E_0=蒸发力；R=降雨量)；干燥度 $K<1.0$ 为湿润；$K=1.0\sim1.49$ 为半湿润；$K=1.5\sim3.49$ 为半干旱；$K>3.5$ 为干旱。

云南气候水热同期。降雨量南多北少，东西两侧多于中部。大致可以分为三个多雨区及三个少雨区。云南年降雨量分布如图2.8所示。

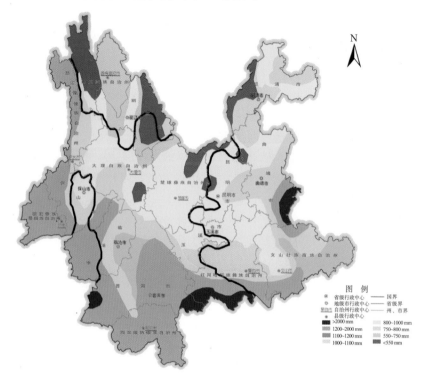

图2.8　云南年降雨量分布图

a)西部多雨区

为怒江傈僳族自治州、德宏傣族景颇族自治州、临沧市和西双版纳州西部，是受孟加拉湾暖湿气流控制所致。

b)南部多雨区

主要是普洱市和红河州南部，是北部湾暖湿气流的通道。

c)东部多雨区

罗平、师宗县及附近地区。为东南暖湿气流沿坡北上而成。

雨量最多的为西盟(2760mm)、盈江的昔马(4000mm)。

d)金沙江河谷区少雨区[300～500(800)mm]

e)宾川少雨区(568mm)

f)元谋(616mm)少雨区

是南北气流沿高山往盆地、河谷下沉不易形成降雨所致。

j)建水、开远、蒙自一带属于西南季风及东南季风的影雨区，雨量不足呈半干旱区域

h)昭阳区、维西县、宁蒗县、德钦、香格里拉等大部分属于半干旱区域

不同干燥度下分布着不同的物种，石漠化治理选择的物种需要充分考虑植物对干旱

的适应程度。

降雨量对湿度的影响较大，对植物植被的影响显而易见。例如，从河口县顺红河而上，年均温同为21℃，河口县城附近分布着湿润雨林，顺支流南溪河及红河干流而上分布着季节性雨林，至蛮耗一带分布着半常绿季雨林，至黄草坝一带分布着落叶季雨林，黄草坝以上则为干热河谷植被。

2.1.3　云南的灾害性天气

1. 干旱

云南干旱一年四季均有发生，春旱对全省农业生产威胁最大，值得引起高度重视。此类干旱突出的是滇中及以北地区，如金沙江干热河谷一带、楚雄彝族自治州、大理白族自治州、昆明市、玉溪市、曲靖市西部等地区。

夏旱正处在雨季，表现出插花性、短时性、局部性的特点，西北部的怒江傈僳族自治州、迪庆州及金沙江河谷一带较突出，滇东北昭通市发生频率也较高。秋旱易造成旱地小春作物出苗不齐或出苗后因缺水长势不好而减产。冬旱全年降雨最少。

云南干旱形成的直接原因是自然降水不足。此外，季风活动、大气环流异常、天气系统变化、地形地貌、生态植被、农业生产、水利条件、人类活动等都对干旱灾害的形成和发展产生不同程度的影响。

云南干旱分为多干旱区、一般干旱区、少干旱区（根据《云南省志·地理志》）。图2.9为云南干旱灾害分布图。

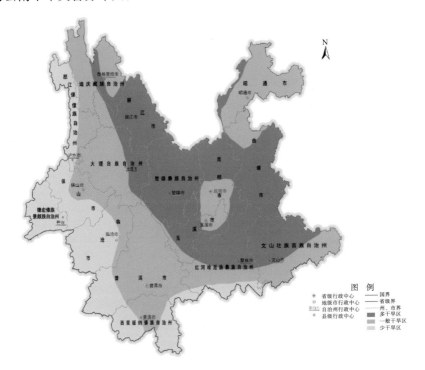

图2.9　云南干旱灾害分区图

参考《云南气候与防灾减灾》

　　(1)多干旱区:滇中北及滇东南的红河哈尼族彝族自治州北部、文山壮族苗族自治州北部、曲靖市、楚雄彝族自治州、丽江市大部分为多干旱区。

　　(2)一般干旱区:多干旱区与少干旱区之间的区域。

　　(3)少干旱区:滇南的景洪—临沧—六库一线以西的区域。

　　干旱影响植物的成活及生长,在物种选择上应有区别。

　　云南省干季干燥度图(图 2.10)说明,旱季云南大部分地方一直受干旱影响。只有东起富宁、西至绿春、江城、潞西、腾冲一线以南为湿润半湿润区域。旱季对石漠化治理的影响十分明显,对核桃种植成活及其他植物的保存及生长影响也较大。植物节水性及耐旱性研究是我们石漠化治理中的重点关注的问题。

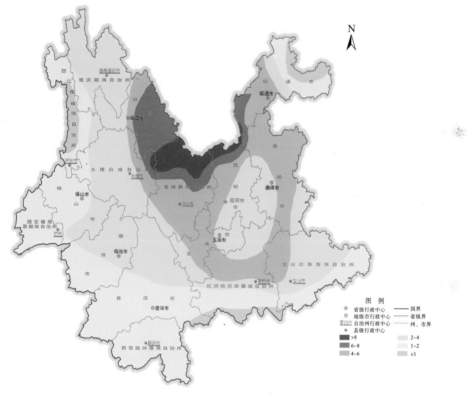

图 2.10　云南干季干燥度图
参考《云南气候与防灾减灾》

　　云南省雨季旱地干燥度图表明(图 2.11),雨季还受干旱影响的地方为金沙江河谷的华坪、永胜、永仁、宁蒗及红河哈尼族彝族自治州建水、蒙自、开远等地。华坪、永胜、永仁、宁蒗干燥度为干旱,红河哈尼族彝族自治州建水、蒙自、开远等地为半干旱。

　　2. 季风

　　云南介于我国东部季风区与青藏高寒区两大自然区的过渡带,是多种季风(东亚季风、南亚季风、高原季风)环流影响的过渡交叉地带,是我国典型的季风气候区,干湿分明,季风的强弱和雨季开始的迟早决定云南旱涝的主要气候背景。季风气候成了云南干旱灾害发生的重要影响因素,不稳定性的季风活动又造成了云南干旱灾害发生的随机性。

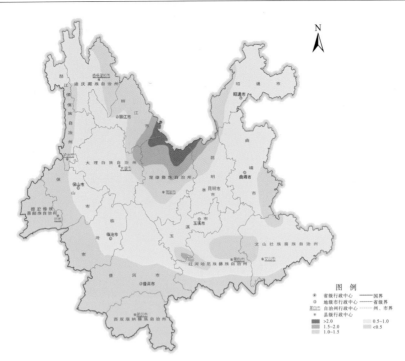

图 2.11　云南雨季旱地干燥度图
参考《云南气候与防灾减灾》

　　干季(11月至翌年4月)降水稀少,易形成重旱灾。雨季(5~10月)降水集中,加之受地形影响,多单点大雨、暴雨,易出现洪涝。夏季风暴发偏迟和夏季风间歇期是形成云南初夏干旱和盛夏干旱的关键因子。厄尔尼诺事件发生年云南雨季开始期偏晚,容易出现初夏干旱。冬半年(干季)控制云南大气环流主要为西风带天气系统,对流层中低层为西风干暖气团,这支气流经伊朗、巴基斯坦,云量少、日照充足、气温高、降水少、湿度小、风速大,是典型的干季干旱少雨的特点。

　　3. 低温冷害

　　低温气候通过影响生物体细胞组织和生理活动而产生危害。低温冷害一般因北方冷空气侵袭而发生,多以强烈降温、霜冻、凌动和持续低温等形式出现,常伴有冷风、冷露、阴雨、降雪、积雪或夜间放晴强辐射等天气现象,主要发生在冬季12月至翌年2月、春季3~4月和夏季7~8月3个时段,主要发生在春季3~4月的倒春寒、霜冻和7~8月的夏季降温。

　　云南省霜冻灾害示意图如图2.12所示,产生低温冷害的天气成因主要是在高空有利于大气环流形式下,北方冷空气南下,来自西伯利亚的寒流,经新疆和河套西部南下,从四川盆地形成东北入侵路径,影响昭通、东川、曲靖、文山等地,然后在冷空气补充或适当的高空大气环流形式下,又西移影响滇中和滇南地区,或沿川西雅砻江河谷南下直接影响楚雄和滇中地区。此外,来自青藏高原的寒流影响滇西、滇西北地区,西伯利亚寒流从湖南经广东、广西转向滇东南,影响文山、红河地区,使橡胶、咖啡、三七和热带水果等遭受冷冻灾害,导致其产量和质量下降,甚至对热带经济作物产生毁灭性危害。

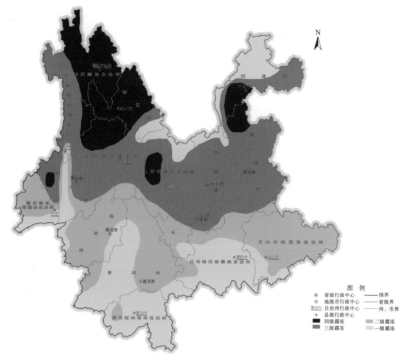

图 2.12　云南省霜冻灾害示意图

参考《云南气象灾害总论》

低温和干旱缺水抑制植被生长，夏季气温偏低和较高海拔地区延迟性低温冷害也会降低森林植被的生长量和生长速度。

云南低温冷害风险分区图如图 2.13 所示。云南省冰冻灾害最严重的地区是滇东北的镇雄、威信、昭通、鲁甸等地和永善县五莲峰山区；其次是滇东曲靖市大部分地区、滇东南泸西和丘北的高海拔地区、滇西北德钦、维西、贡山及其所在的云岭地区；滇东和滇西北其他地区为轻度灾害区；其余发生过冰冻天气区域均为轻微灾害区；滇西南除高海拔地区外，几乎没有冰冻天气。

将云南的低温冷害和冰冻雪灾划为三个区域：高风险区为滇西北高原区（含香格里拉、丽江、大理市北部），滇东北高海拔区（昆明以北、曲靖至大关、镇雄一线，不含威信等县），滇西南、滇南和滇东南低风险区；但滇东南热区由于种植热带经济林木，有时也受西伯利亚南下后由广东、广西转折回流过来的冷空气影响而成灾。

对低温冷害应有相应的防御措施。掌握低温冷害发生的时空分布规律，合理调整农、林、牧业布局及石漠化治理措施，科学合理利用气候资源，最大可能地减轻低温冷害的影响，应用农业气候区划研究成果，合理区划低温冷害石漠化分区，提高防御低温冷害的科学性。

4. 洪涝灾害

云南发生洪涝灾害多因暴雨而成。由持续偏南暖湿气流、繁多的降雨天气系统及特殊的地理环境造成。《云南省志·地理志》分析：云南分为最多洪涝区、多洪涝区、一般洪涝区及少洪涝区。①最多洪涝区：东川至昭通一线；②多洪涝区：曲靖市大部、文山县大部；③一般洪涝区：红塔区—保山市—楚雄彝族自治州大部、保山（隆阳）—泸西以北，丽江以南；④少洪涝区：红河哈尼族彝族自治州、昆明市大部分、临沧市、保山市南部。这一研究成果为我们设置拦沙坝、设计谷坊等提供了依据。云南洪涝灾害分区图如图 2.14 所示。

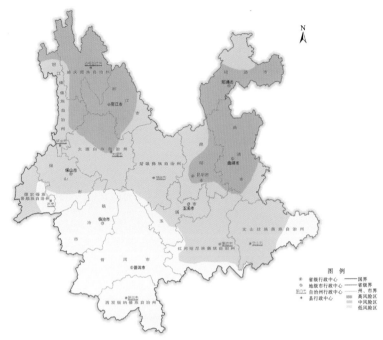

图 2.13   云南低温冷害风险分区图

参考《云南气候与防灾减灾》

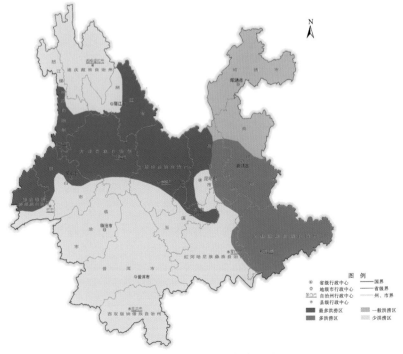

图 2.14   云南洪涝灾害分区图

根据《云南气象灾害总论》

2.1.4　气候带划分

1. 气候带划分对石漠化治理及农林牧业生产的指导意义

气候类型综合了温度、湿度、海拔等因子，是一种综合性指标的表达，是岩溶地区石漠化综合治理的基础。气候带划分对石漠化治理及农林牧生产有指导作用。不同的气候可以种植与之相适应的植物。热带气候可以种植热带作物香蕉、橡胶、菠萝，一年种植三季水稻；南亚热带气候可以种植芒果、树菠萝蜜、甘蔗、葡萄、竹、三七等经济作物及林木，一年种植二季水稻；中亚热带气候可以种植板栗、柑橘、杨梅等果树，一年种植二季作物；北亚热带气候可以种植耐寒的梨、桃、杜仲等，一年可以种植大、小春作物；温带气候可以种植核桃、黄柏等经济林木，农业以小麦、荞麦、马铃薯种植为主；青藏高原南段半农半牧，农业种植一季青稞、燕麦，山区种植核桃及耐寒的云冷杉、落叶松树种等。

2. 云南的气候带

1）原用标准

云南省气象科研究所对青藏高原云南部分的研究及中国气候区划对云南气候的认识，使得云南气候带划分曾经使用了表2.2所示的标准。

表 2.2　云南气候带划分原用标准

气候带	≥10℃天数/d	≥10℃积温/℃	一月平均温/℃	标准来源
青藏高原气候高原寒带	0			云南省气象科研所
青藏高原气候高原亚寒带	<50			云南省气象科研所
青藏高原气候高原温带	>50≤140			云南省气象科研所
中温带(温带)	100～171	1600～3200	30～(−12～16)	中国气候区划第六章
暖温带	171～218	3200～3500	(−12～−6)～0	中国气候区划第六章(云南标准)
北亚热带	218～239	3500～4000	3～(5～6)	中国气候区划第六章(云南标准)
中亚热带	239～285	4000～5000	(5～6)～(7～10)	中国气候区划第六章(云南标准)
南亚热带	285～365	5000～7500	(9～10)～(13～15)	中国气候区划第六章(云南标准)
边缘热带(北热带)	365	≥7500	15～20	中国气候区划第六章(云南标准)

在使用中，学者们逐渐认识到，以日平均气温稳定≥10℃期间的积温作为指标划分温度带时，对于地势高低悬殊和幅员广大的中国而言有一定的局限性，尤其是在云贵高原、青藏高原等地势起伏较大、地形较复杂的地区不好操作。

2）现用标准

中国科学院地理研究所郑景云研究员等根据实践认为，温度带划分指标由于日平均气温是否达到10℃对自然界的第一性生产具有极为重要的意义，所以以日平均气温稳定≥10℃期间的积温以往一直被作为我国气候区划与农业气候资源评价中一个非常通用的指标，如中国科学院、中央气象局及中国农业区划委员会等部门编制气候和农业气候区划时，都以日平均气温稳定≥10℃期间的积温作为温度带划分指标，但自《中国气候区划新探》发表后，学者们逐渐认识到，以日平均气温稳定≥10℃期间的积温作为指标划分温度带时，对于地势高低悬殊和幅员广大的中国而言有一定的局限性；而采用日平均气温稳定≥10℃的日数（积温日数）作为指标，能更准确地区划出我国温度条件的地域分异，特别是对高原地区的气候区划更具实践意义。因此这一指标在20世纪80年代以后就被中国科学院和中央气象局等部门编制的气候区划所采用。本区划也采用活动积温≥10℃的日数作为主要指标划分温度带；仅在热带地区，由于全年日平均气温均达10℃（除边缘热带可能有数日低于10℃外）以上，不采用该指标进行温度带划分，代之采用日平均气温稳定≥10℃期间的积温作为指标进行温度带划分。

此外，由于一地的最冷月（1月）气温往往决定着地带性植物的生长与越冬，最暖月（7月）气温又常常决定高原或高纬度地区的植物能否良好生长，而且与同纬度其他地区相比，我国的季风气候又具有冷季更为寒冷、暖季更为温暖的特点，因而在进行温度带划分时，在青藏高原以外的地区，本区划还采用最冷月平均气温作为辅助指标，在青藏高原则同时采用最冷、最暖月平均气温作为辅助指标。此外，为更好地体现出区划的综合性特征，我们在进行温度带界线划分时，还采用日平均气温稳定≥10℃期间的积温、极端最低气温的多年平均值作为参考指标（表2.3）。据此，郑景云研究员等的中国气候划分新方案，笔者认为是正确的。

表 2.3　中国气候带划分标准表

指标 温度带	主要指标	辅助指标		参考指标	
	日均温≥10℃ 天数/d	一月均温 /℃	七月均温 /℃	日均温≥10℃ 积温/℃	年极端最 低温/℃
寒温带	<100	<−30		<1600	<−44
中温带	100~170	−30~(−16~−12)		1600~(3200~3400)	−44~−25
暖温带	170~220	(−16~12)~0		(3200~3400)~ (4500~4800)	−25~10
北亚热带	220~240	0~4		(5100~5300)~ (4500~4800)	(−14~10)~ (−6~4)
中亚热带	240~285	4~10		(5100~5300)~ (6400~6500) 云贵 4000~5000	(−6~4)~0 云贵 −4~0
南亚热带	285~365	10~15		(5400~5800)~ (6400~6500) 云南 5000~7500	0~5 云南 0~2
边缘热带	365 云南 7500~8000	10~15 云南(9~10) ~(13~15)	8000~9000		5~8 云南>2
中热带	365	9000~10000			8~20
赤道带	365	>10000			>20
高原亚寒带	<50	−18~ (−12~−10)	<11		
高原温带	50~180	−10~(−10~0)	11~18		
高原亚热带山地	180~350	>0	18~24		

3)云南石漠化综合治理县的气候带划分

云南 65 个石漠化县(市、区)中有河口县及耿马(孟定)及其他 4 个县(市、区)的零星地段属北热带气候,10 个县(市、区)及 5 个县(市、区)的南部属于南亚热带气候,35 个县(市、区)及 5 个县(市、区)的北部属于中亚热带气候,7 个县(市、区)属于北亚热带气候,6 个县(市、区)属于暖温带气候,2 个县(市、区)属于青藏高原气候带。具体划分如表 2.4 所示。

表 2.4　65 个石漠化综合治理县气候带划分表

气候带	所属县(市、区)
北热带	勐腊、景洪(城南)、河口县,瑞丽、盈江、镇康、耿马、富宁、麻栗坡、马关的部分边境地区
南亚热带	盈江、瑞丽、潞西、南涧、耿马、沧源、孟连、西盟、澜沧、思茅区、景东、景谷、宁洱、镇沅、云县、墨江、江城、绿春、金平、凤庆(南部)、永平(南部)、开远、建水、蒙自以及文山、屏边、富宁、马关、麻栗坡、广南等县大部分地区
中亚热带	腾冲、六库、泸水、漾濞(南部)、大理、祥云、牟定、南华、楚雄、禄丰、双柏、广南、丘北、砚山、西畴、个旧、罗平、泸西、弥勒、红塔、通海、华宁、江川、易门、澄江、西山、官渡、五华、盘龙、石林、呈贡、嵩明、富民、禄劝、寻甸、宜良、麒麟、沾益、陆良、隆阳、鹤庆、华坪、彝良、大关、盐津、永善县以及富宁、马关、麻栗坡、广南、屏边等县北部
北亚热带	师宗、富源、宣威、马龙、玉龙、古城、宁蒗
暖温带	昭阳、鲁甸、威信、镇雄、会泽、维西
青藏高原温带	香格里拉、德钦

气候带划分多以县(市、区)气象台站所在地数据为准,有少部分县(市、区)会跨越 2 种气候类型,云南气候带分区图如图 2.15 所示。

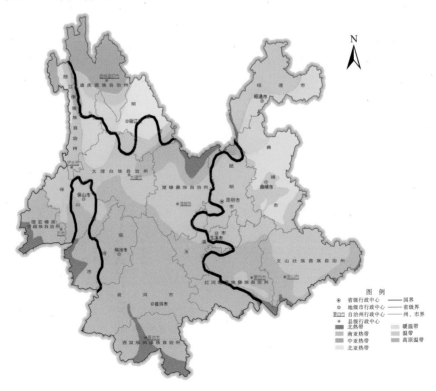

图 2.15　云南气候带分区图

注:黑线以内为石漠化综合治理区

4)干燥度的划分

郑景云等认为,干湿状况主要取决于降水与潜在蒸散之间的平衡,其中降水是最主要的水分来源,潜在蒸散则反映在土壤水分充足的理想条件下最大可能的支出。因此,区划以年干燥度(即潜在蒸散多年平均与年降雨量多年平均的比值)作为干湿区划分的主要指标,以年降雨量作为辅助指标。其中在计算潜在蒸散时,采用1998年联合国粮农组织改进的 FA056-Penman-Monteith 模型,并根据我国实测辐射对模型有关参数进行了修正,使之更适合我围的气候特点(表2.5)。郑景云等的中国气候划分新方案中给出的干燥度划分指标如表2.5所示。

表 2.5　中国干燥度划分标准表

	主要指标	辅助指标降雨量/mm
湿润	≤1.0	800~900 东北、川西>600~650
半湿润	1.0~1.5	400~500 至 800~900 东北 400~600
半干旱	1.5~4.0,青藏高原1.5~5.0	200~500 至 400~500
干旱	≥4.0,青藏高原≥5.0	<200~250

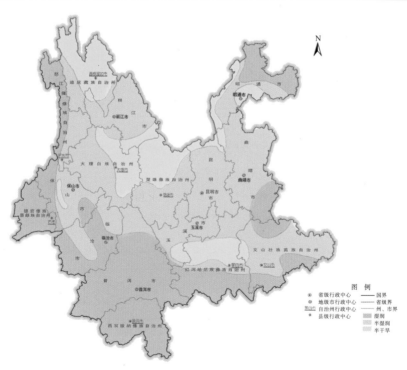

图 2.16　云南干燥度分布图

根据王宇《云南气候》

云南干燥度分布图如图2.16所示,云南65个石漠化综合治理县(市、区)中有13个县(市、区)属于湿润,37个县(市、区)属于半湿润,15个县(市、区)属于半干旱。具体划分如表2.6所示。

表 2.6　云南 65 个石漠化综合治理县(市、区)干燥度划分表

干燥度	所属县(市、区)
湿润	镇康、沧源、耿马、威信、镇雄、盐津、屏边、西畴、马关、大关、罗平、师宗、河口
半湿润	永德、维西、隆阳、施甸、富源、沾益、麒麟、陆良、会泽、宣威、马龙、嵩明、石林、寻甸、呈贡、富民、禄劝、宜良、西山、盘龙、官渡、五华、澄江、通海、江川、红塔、华宁、易门、个旧、泸西、弥勒、文山、砚山、丘北、广南、麻栗坡、富宁
半干旱	香格里拉、德钦、华坪、宁蒗、昭阳、永善、巧家、鲁甸、彝良、鹤庆、玉龙、古城、蒙自、建水、开远

另外,金沙江、澜沧江上游还有干暖河谷气候类型,隆阳、鹤庆、丽江、香格里拉、维西、德钦与之有关。

2.1.5　土壤

土壤是植物生长发育的基础,也是植物的主要生态因子。植物靠土壤支持其躯体而维持直立状态,同时,通过根系从土壤中吸收生活所需的水分和养分。各种植物都要求适宜的土壤条件,森林生长发育的状态,生产率的高低,木材和其他林产品品质以及森林分布等都与土壤条件密切相关。

土壤对植被的作用是由土壤的多种因素决定的,如母岩、土层厚度、土壤地质、土壤结构、土壤营养元素的含量、土壤的酸碱度以及土壤微生物,只是在一定条件下,某些因素常常起主导作用。因此,在分析土壤对林木生长的作用时,首先应找出影响最大的主导因子。土层厚度经常是影响林木生长的重要因素,它影响着土壤水分、养分的总贮量和根系分布范围。在山区往往土层越厚,土壤则越肥、越湿润。因此,土层厚度常成为决定森林生产力的重要指标。

云南幅员辽阔,地貌类型复杂,南北跨纬度 8 个,相对高差在 6500m 以上,导致地域类型之间光、热、水条件差异很大,对于土壤的发生、发育、发展有着深刻的影响。积温、降雨量影响着土壤的成土过程。土壤的形成也受植被的影响。云南的土壤与气候有关,但不随纬度的变化而呈规律性的变化。滇东北与滇西北同一纬度带由于分属青藏高原及云南高原,前者为棕壤,后者为黄壤。

根据云南省第二次土壤普查,云南石漠化地区主要地带性土壤有砖红壤、赤红壤、红壤、黄壤、暗棕壤等。此外,尚有垂直带谱上的褐土、棕壤及非地带性的紫色土及石灰土等。云南主要地带性土壤分布示意图如图 2.17 所示。

1. 砖红壤

云南的砖红壤主要分布在南部边境地区海拔 800m 以下地带。原生植被为热带雨林或季雨林,树种繁多,树冠茂密,林内攀缘植物和附生植物发达,而且有板状根和老茎开花现象。砖红壤是在热带季风气候下,发生强度富铝化作用和生物富集作用而发育成的深厚红色土壤,以土壤颜色类似烧的红砖而得名。砖红壤具有枯枝落叶层、暗红棕色 A 层和棕红色 B 层。砖红壤表土由于生物积累作用强,有机质含量达 8%~10%。但矿化作用也强烈,pH 5.2~5.4,呈酸性反应。风化淋溶系数<0.1,盐基饱和度<15%。砖红壤的水热条件最优越,有机物合成量最大,虽然分解迅速,但在土壤中仍能积累较多

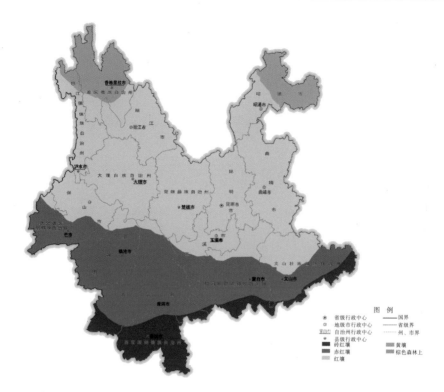

图 2.17　云南主要地带性土壤分布示意图

的有机质，形成的腐殖质，分子结构比较简单，大部分为富铝酸型和简单形态的胡敏酸。在天然林中，有机质含量可高达 8%～10%，硅铁铝率<1.7。砖红壤经常缺磷、缺钾，作物生长欠佳，产量不高。改良利用措施是综合开发，合理垦殖，改善排灌系统，改善农田生态条件、能灌能排；由于土壤缺肥，应增施有机肥，分次多施钾肥及因土配施磷肥，提高土壤供肥力。目前在开发利用中还有"刀耕火种"现象，以致引起水土流失和肥力退化，这种粗放垦殖方法必须改正，应有计划地合理垦殖，并进行多种经营。

2. 赤红壤

赤红壤是南亚热带的地带性土壤，主要分布在北纬 24°以南的思茅、西双版纳、临沧、红河、文山等五地，主要植被为季雨林、南亚热带常绿阔叶林和思茅松林，东部地区以樟科、木兰科为主的偏湿型植被，西部地区以壳科为主的偏干型植被。赤红壤区的原生植被为南亚热带季雨林，植被组成既有热带雨林成分，又有较多的亚热带植物种属。赤红壤地区 pH 5.0～5.5，有机质含量中等，氮、磷、钾含量中等。由于赤红壤分布地区跨 3 个纬度，加上地形复杂，所以气候的区域性差异较明显。

赤红壤剖面层次分异明显，具有腐殖质表层（A 层）、淀积层（B 层）和母质层（C 层）。A 层湿态色调呈棕色至棕红色，赤红壤分布地区水热条件好，土壤自然肥力较高，是发展双季稻、陆稻、玉米、甘蔗、茶叶、紫胶、芒果等粮经作物和经济林木的基地，是云南生产潜力最大的土壤资源之一，土壤质地多壤质黏土。A 层因黏粒机械淋移或地表流失，质地稍轻。B 层固黏粒淀积，质地稍黏。自然植被下表土层结构多为屑粒状和碎块状。B 层块状和棱块状，在结构面和孔壁上常见铁铝氧化物胶膜淀积。微形态观察，多见弯曲短裂隙，少数孔道状孔隙，孔壁与裂隙面有较多老化扩散胶凝状黏粒胶膜淀积，消光微弱，见微弱光性定向黏粒。C 层多块状和弱块状结构，一般没有或少量胶膜淀积。铁铝氧化物移动淀积较明显，其含量均以 B 层最高，并常见胶膜淀积，有的可见铁质软结核。赤红壤地区干湿季节交替，有利于土壤胶体的淋溶，并在一定的深度凝聚，因而土壤普遍具有明显的淀积层。该层孔壁及结构面均有明显的红棕色胶膜淀积，表现出铁铝氧化物及黏粒含量，明显高于表土层（A 层）及母质层（C 层）。交换性铝占优势，土壤呈酸性。阳离子交换量较低。铁铝氧化物淀积较为明显，游离铁氧化物含量较高。铁氧化物在剖面中的分异较明显，多数赤红壤全铁、游离铁及晶质铁含量均以心土层（B）最高，表明铁氧化物在此层的淋溶和淀积显著。而活性氧化铁含量及活化度，则均以表土层（A）最高，可能与有机质和水分较多有关。土壤中游离氧化铁的含量，不仅影响着阳离子交换量，而且对土壤中磷素的固定起着重要作用。有机质含量低，矿质养分较贫乏。在正常情况下，赤红壤区的生物气候条件有利于土壤有机质的积累。

赤红壤所处的地理位置具有较为优越的生物气候条件，除现有耕地仍应加强培肥和保护性种植措施外，大面积山丘赤红壤资源有着发展热带经济作物的优势，生产潜力极大。在开发利用上，应从全局出发，实行区域种植，重点发展南亚热带水果，并根据不同的生态环境及土壤条件，建立各种优质水果商品基地，尽快形成拳头产品投放国际市场。在土壤改良上重点解决干旱和瘦瘠两大问题。赤红壤性土往往侵蚀严重，土体薄，林木立地条件差，生物积累量较少，肥力较低，在开发利用上应采取封山育林，恢复植被，治理石漠化，控制水土流失。在生产中应加强水土保持工程建设，修筑高标准的水平梯田，配合幼龄果树套种，增加地面覆盖，防止果园水土流失，增施有机肥及氮、磷、钾肥，调节土壤养分平衡。

3. 红壤

红壤在我省分布面积最广，占全省总面积的 285%，约有 1065.5 万 hm²。主要分布于北纬 24′27°附近以滇中高原，海拔 2500m 以下的中低山丘陵及坝区，包括昆明、曲靖、玉溪、楚雄、大理、保山、丽江等地。

红壤是亚热带地区的代表性土壤，植被以半湿润常绿阔叶林为代表，气候属中亚热带高原季风气候类型。干、湿季分明，年降雨量为 800~1200mm，年均温为 13~19℃，最热月均温度为 20~21℃，最冷月平均温为 3~9℃，≥10℃的活动积温为 4000~5000℃。

红壤分布区由于海拔的差异，滇西北区气温和雨量略低于滇中和滇西地区，但相对湿度大，均在 70% 左右，而在金沙江、澜沧江河谷地段，由于焚风效应，气候干热，相对湿度均在 50% 以下。红壤的形成过程是大气、母岩、生物之间的物质运动和能量转化过程，其中生物气候起主导作用。云南高原面上的水、热条件变化对土壤形成发育影响极大（汪家镕，1999）。

红壤属中度脱硅富铝化的铁铝土。红壤通常具深厚红色土层，网纹层发育明显，粘土矿物以高岭石为主，酸性，盐基饱和度低。红壤呈酸性~强酸反应。一般氮、磷、钾的供应不足，有效态钙、镁的含量也少，硼、钼等微量元素也很贫乏。表土有机质含量也较低。pH 4.5~6.2；黏重，保水保肥力差，耕性较差，有酸、黏、瘦的特性。云南的红壤，硅的迁移量达 40%～70%，钙、镁、钾的迁移量最高可接近 100%，铁和铝的富积量达 13%～26%。在同一地区不同母岩上发育的红壤，由于矿物组成的不同，其富铝化强度往往也有差异，一般由玄武岩、石灰岩等基性岩发育的红壤比花岗岩等酸性母岩发育的红壤富铝化强度大，铁铝的聚集亦较明显。红壤中游离氧化铁的含量反映了红壤的风化程度。

红壤分布区的主要岩石有花岗岩。玄武岩、页岩、石灰岩、砂岩，还有第四纪红色黏土、千枚岩。板岩、页岩、片麻岩等。不同岩石上发育的红壤矿物元素及 pH 均有差异。物理化学性质也有差异。红壤剖面以是均匀的红色为其主要特征。A 层一般厚度为 20～40cm，暗棕色，植被受到破坏后，腐殖层厚度随之减少；B 层为铁铝淀积层，厚度 0.5～2m，呈均匀红色或棕红色，紧实粘重，呈核块状结构，常有铁、锰胶膜和胶结层出现，因而分化为铁铝淋溶淀积与网纹层等亚层；C 层包括红色风化壳和各种岩石风化物，呈红色、橙红色。

根据红壤土娄的形成条件及其所具有的剖面性态。将云南红壤划分为 5 个类型，即暗红壤、黄红壤、红壤、褐红壤、粗骨性红壤。

红壤改良措施包括植树造林、平整土地、客土掺砂、加强水利建设、增加红壤有机质含量、科学施肥、施用石灰、采用合理的种植制度等。增施氮、磷、钾等矿质肥料时氮肥宜用粒状或球状深施，磷肥宜与有机肥混合制成颗粒肥施用。施用石灰主要是降低红壤酸性。选种适当的作物、林木，种植绿肥是改良红壤的关键措施。

4. 黄壤

主要分布在云南的 10 个地州，滇东北海拔 2400m 以下广泛分布。分布地区多为湿性常绿阔叶林与苔藓常绿阔叶林，热量条件较红壤地区低，而湿度较红壤地区高，四季分明，云多雾，日照少，年雨量 1000～1700mm，相对湿度较大于 85%。植被以湿性常绿阔叶林为主，次为针阔混交林。成土母质以泥质岩酸性晶岩、碳酸盐岩和石英质岩类的分化物为主。黄壤是中亚热带湿润地区发育的富含水合氧化铁（针铁矿）的黄色土壤。基本发生层仍为腐殖层和铁铝聚积层，其中最具标志性的特征乃是其铁铝聚积层因"黄化"和弱富铝化过程而呈现鲜艳黄色或蜡黄色。其典型剖面为 O 层（枯枝落叶层）受到程度不同的分解。A 层为暗灰棕至淡黑的富铝化的腐殖质层，具核状或团块状结构，动物活动强烈。B 层为鲜艳黄色或蜡黄色的铁铝聚积层，厚约 15～60cm，较黏重，块状结构，结构面上有带光泽的胶膜，为黄壤独特土层。C 层多保留母岩色泽的母质层，色泽混杂不一。黏粒硅铝率为 2.0～2.5，硅铁铝率 2.0 左右；黏土矿物以蛭石为主，高岭石、伊利石次之，亦有三水铝石出现。黄壤质地一般较黏重，多黏土、黏壤土。由于中度风化强度淋溶，黄壤呈酸性至强酸性反应 pH 4.5～5.5。交换性酸以活性铝为主；土壤交换性盐基含量低，盐基饱和度比红壤低。因湿度大，黄壤表层有机质含量较红壤高，腐殖质组成以富里酸为主。黄壤质地粘，有机质含量较高，但开垦耕种后表层有机质可急剧下降，而盐基饱和度和酸碱度均相应提高。

黄壤的利用以多种经营为宜。宜进行以山、水、田综合治理为中心的农田基本建设，多施有机肥料和种植绿肥。

5. 燥红土

燥红土是云南的一种非地带性土类，属半淋溶土亚纲，主要分布在元江、怒江、金沙江等干热河谷地区。燥红土分布地区多为封闭河谷，焚风效应明显，气候干燥，年干燥度 1.9～2.8，蒸发量大于降雨量的 3～6 倍。植被为稀树灌草丛。燥红土一般矿物风化度低，脱硅富铝化作用不明显，淋溶作用较弱，燥红土区光热资源丰富，农作物可一年三熟，是生产冬早蔬菜的基地。燥红土区生产的主要限制因素是干旱缺水。

6. 褐土

褐土主要分布于北纬 28°以北的德钦县境内海拔 1950～2900m 的金沙江、澜沧江及其支流的谷坡，属于暖温带半湿润气候旱生森林条件下形成的土壤。褐土区降雨量少，蒸发量大于降雨量的 6～7 倍，植被稀疏，多为被毛多刺耐干旱的小叶灌丛。褐土积累的土壤腐殖质较少，腐殖质类型主要为胡敏酸；植物体残落物中 CaO 含量丰富，含量仅次于硅，所以生物归还率较高，保证了土壤风化中钙的部分淋溶补偿，甚至产生了部分表层复钙现象。

在褐土的形成过程中有碳酸钙的淋溶、淀积和明显的黏化作用。土壤剖面分 A 层、B 层、C 层。A 层呈暗棕色，一般质地为轻壤，多为粒状到细核状结构，疏松，植物或作物根系较多，向下逐渐过渡。B 层即心土层，颜色棕揭，即所谓艳色的黏化层。一般中壤－重壤，核状结构，较紧实，结构体外间或有胶膜。C 层根据母质类型有较大的变异。由于水源的限制，多以发展旱作农林业为主要目标。

7. 黄棕壤

黄棕壤是云南石漠化综合治理区内垂直带谱上的土壤类型，具有亚热带向温带过渡的明显特征，多发育于常绿、落叶阔叶混交林下的土壤，黄棕壤是红壤（或黄壤）与棕壤之间的过渡类型，主要分布于滇东北海拔 2200～2600m、滇南海拔 1800～2500m、滇西上限可达海拔 2900m 的山地上，植被为常绿阔叶林、苔藓常绿阔叶林，以淋溶、黏化及弱富铝化为主。

pH 5～6，微酸性或酸性；土壤剖面构型为 O-Ah-Bts-C，O 层在自然植被下为残落物层，其厚度因植被类型而异。一般针叶林下较薄，混交林下较厚，灌丛草类下最厚。Ah 层呈红棕色，或亮棕色。质地多壤质土，粒状或团块状结构，疏松。Bts 层的棕色心土层是最醒目的，结构面上覆盖有棕色或暗棕色胶膜或有铁锰结核，由于黏粒的聚集，质地一般较黏重，有的甚至形成黏磐层。C 层为基岩上发育的黄棕壤，其母质仍带基岩本身的色泽。棕壤地区气候条件是夏季暖热多雨，冬季寒冷干旱。改造利用上注意保持水土，适地适树，适地适草。

8. 棕壤

棕壤又名棕色森林土，是发育于温带针阔混交林的土壤，在云南主要分布在迪庆藏族自治州及怒江傈僳族自治州海拔 2600～3400m 的山地垂直带谱上。棕壤 pH 5～6，呈微酸性或酸性，B 层心土层呈鲜棕色。成土母质多为酸性母岩风化物。有机质含量较高，盐基饱和度较高。

棕壤的剖面基本层次构造是 O-A-Bt-C；质地多为壤土至壤黏土，某些棕壤性土质地更轻，多为砂质壤土。在自然植被下，表土有凋落物层（O）和腐殖质层（A）。棕壤耕作后，表土层色腐殖质层消失而形成耕作熟化层（A1）。表土层之下为黏化特征明显的心土层（有时有 AB 层），色泽为红棕色或棕色，质地黏重，黏粒占 25%，棱块状结构，结构面常被覆铁锰胶膜，有时结构体中可见铁锰结核，心土层之下为母质层（C），通常近于母质本身色泽。剖面通体呈不同程度的棕色。棕壤区具有良好的生态条件，生物资源丰富，土壤肥力较高。棕壤地区是发展农业、林业、果木、药材的基地。云南北云岭—沙鲁里山南部地区的山地棕壤，北坡以云杉为主，南坡除云杉林外，还有高山松林和高山栎林，土壤肥沃，有机质含量高，林木产量也高。目前水土流失较严重，自然灾害频繁，不少山区时有不同程度的泥石流发生。改造利用重点是营造高山松、油松、华山松、云杉等，发展水源林、用材林和薪炭林，保持水土、涵养水源。同时，充分利用广阔的林下草场和林间草场，发展草食性为主的畜牧业；组织采挖野生药材，保护好林内珍禽异兽，为野生动物生存繁衍创造较好的环境条件。

9. 暗棕壤

暗棕壤是温带针叶林下发育形成的森林土壤，过去叫棕色森林土，集中分布在滇西的怒江、迪庆、大理、丽江、保山等地海拔 3000～3700m 的山地垂直带谱上。植被以云杉、桦木、高山松为主的森林。去剖面构型为 O-AB-Bt-C 表层腐殖质积聚，全剖面呈中至微酸性反应，盐基饱和度较高，剖面中部黏粒和铁锰含量均高于其上下两层的淋溶土，有白浆化过程及黏化、淋溶化过程。

在高原温带气候条件下暗棕壤地区降雨量集中于夏季，土壤中产生了强烈的淋溶过程，致使暗棕色森林土发生弱酸性反应，并含有一定量的活性铝。季节性冻层的存在削弱了暗棕色森林土的淋溶过程，因被淋洗灰分元素受到冻层的阻留。由于冻结，土壤溶液中的硅酸脱水析出，淀附于全土层内，致使整个土壤剖面均有硅酸粉末附着于土壤结构表面，于后成为灰棕色。

10. 棕色针叶林土

寒温带气候条件下形成的土壤。棕色针叶林土与暗棕壤互相交错，集中分布在滇西北的迪庆、怒江、丽江和滇西的大理等地州海拔 3400～4000m 的中山和高山地带。植被以冷杉、云杉、落叶松属植物为主。pH 4～5.5，呈强酸性或酸性。成土过程分为表层酸性泥炭化物质积累过程和二氧化物回流表土过程。冠下的灌木和藓类，每年以大量枯枝落叶等植物残体凋落于地表，凋落物缺乏灰分元素。在酸性环境，凋落物主要靠真菌的活动进行分解，形成富里酸，而且冻层本身又阻碍水分从凋落物中把分解产物排走。在一年中只有较短时期的真菌活动，不能使每年的凋落物全部分解，年复一年的积累，便形成毡状凋落物层。

11. 亚高山草甸土

亚高山草甸土分布在滇西北、滇东北森林分布线以上的土壤。分布区气候寒冷湿润，土层浅薄。植被以禾本科、莎草科、蔷薇科、越橘科等植物为主。

12. 高山寒漠土

高山寒漠土是寒冻期长的土壤，主要分布于滇西北的玉龙雪山、哈巴雪山、白马(茫)雪山、梅里雪山等海拔 4200~4500m 以上的高山流石滩地区，分布区属亚寒带气候类型，年平均气温在 0℃ 左右，一年中有 5 个月以上为冰雪覆盖，年降雨量 400~600mm，多以降雪的形式出现。植被主要是多种菌藻类的地衣、苔藓等低等植物，虎耳草科、十字花科、蔷薇科、玄参科及高山蕨类等，形态多毛、有刺、矮生，地下根特别发达。

13. 紫色土

紫色土属岩性土，是非地带性土壤。全省 17 个地州市均有分布，植被滇中地区为云南松林、松栎混交林；滇南以思茅松林为主。紫色土中一般磷、钾含量比较丰富，问题是土壤体薄，土壤侵蚀严重，要加强水土保持工作。

14. 石灰(岩)土

石灰(岩)土是发育在石灰岩上的一种岩成土，是非地带性土。石灰(岩)土多为黏质，土壤交换量和盐基饱和度均高，土体与基岩面过渡清晰，广泛分布于全省 17 个地州市的石灰岩地区。以文山、红河、昭通、曲靖和丽江等地州市最为集中，原生植被以常绿落叶阔叶林、硬叶常绿阔叶林为主，次生植被以稀树多刺灌丛和草被为主，多喜钙植物。

2.1.6　云南植被分布

植被是环境因子组合的反映。本处选用了地带性植被及石漠化分区中必须交代的植被类型。

1. 热带雨林、季雨林

热带气候下分布着热带雨林。雨林内物种丰富，乔木层可以有三层，灌木层可以有两层，草本层发达，层间植物发达。西双版纳一个 0.25hm² 的样方，就有 149 种高等植物。而且科属种组成具有热带植物的生物生态学特性，为热带适生的科属种。雨林主要的类型有湿润雨林、季节雨林、季雨林、山地雨林之分，也是随气候条件的不同而不同。农业为大春三熟热作区。

2. 季风常绿阔叶林和暖热性针叶林

南亚热带气候条件下分布着中国西部(半湿润)常绿阔叶林，属高原亚热带南部季风常绿阔叶林地带。季风常绿阔叶林是具有热带成分的常绿阔叶林，未经破坏的林地中 0.04hm² 的标准地有近 60 余种植物，分两层。乔木层以壳斗科、樟科、山茶科种类为主。灌木层种类组成较为复杂。可以分为栲类、石栎林、润楠、栲类林、栎-罗汉松林、青冈木莲林。层间植物较发达。不同的类型反映着不同的气候组合特点。

这一地区尚有大面积的暖热性针叶林分布，林下植物组成与季风常绿阔叶林相似。农业为双季稻、小麦三熟区。

3. 半湿润常绿阔叶林和暖温性针叶林

为中亚热带干湿分明的气候条件下分布的主要植被类型。乔木层以壳斗科植物为主，灌木、草本层及层间植物种类不如季风常绿阔叶林下复杂。未经破坏的林地中 0.04hm² 的标准地有 40 余种植物。农业属于籼稻小春两熟区。

4. 湿润常绿阔叶林

湿润常绿阔叶林分布在滇东北地区。为中国东部四季分明的湿润气候条件下分布的常绿阔叶林，以石栎、栲类林为主。典型植被为峨眉栲、包石栎林，物种组成与四川盆地植被极为相似。未经破坏的林区植物种类较多，乔木层可分两层，林下有明显的蕨类植物组成的片层。农业属于大小春两熟经济林种植区，镇雄为玉米一年一熟经济林种植区。

5. 硬叶常绿阔叶林

硬叶常绿阔叶林因起源不同而成为一种特殊的植被类型，在世界植被上是一个很重要的类型。群落主要树种具有硬叶、常绿、多茸毛等旱化的典型特征，反映了分布地气候在一定季节具有温暖干燥的特点，世界各地这类植被的优势种是多样的，以栎树、木樨榄属(*Olea*)、桉属(*Eucalyptus*)植物为主要的树种，硬叶常绿阔叶林的发生、发展、分布生境及组成的植物区系成分有很大差异。

我国的硬叶常绿阔叶林分寒温性及干热性两种。由于干燥，硬叶常绿阔叶林不密不高，叶色为暗淡的或灰绿色的。林中不但没有附生植物，也很少有藤本植物，但林下的常绿植物很多，往往致密到不能通入的程度。此外球茎、鳞茎、根茎植物较多。

我国硬叶常绿阔叶林主要由壳斗科硬叶常绿栎类树种所组成。主要种类有川滇高山栎、黄背栎、光叶高山栎、刺叶高山栎、高山栎、灰背栎、匙叶栎、铁橡栎、锥连栎等，其中大面积而偏北分布的为川滇高山栎，其他种类所组成的群落均偏南分布。

6. 温性针叶林

温性针叶林分温凉性及寒温性针叶林。主要分布在青藏高原高寒东南部的迪庆及其他地区高山上部分条件适合的地区。温凉性针叶林主要有云南铁杉林、高山松林、曲枝圆柏林及滇藏方枝柏林；寒温性针叶林主要为云冷杉林、落叶松林两大类。农业区划属夏作一熟农林牧区。

以下是《云南植被》提供的云南植被分区图(图 2.18)。

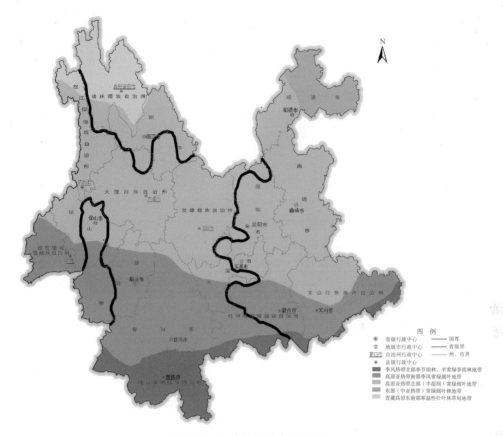

图 2.18　云南植被分布示意图

注：图中黑线为石漠化重点治理县所在的区域。

7. 人类活动对植被的影响

植被类型与气候环境密切相关。热带有热带雨林分布，亚热带有亚热带常绿阔叶林分布，温带有落叶阔叶林及针叶林分布，青藏高原有暗针叶林及高山灌丛草甸分布。植被有调节气候、增加降水及空气湿度的作用。植被影响气候是通过它的物理、生理特性改变地、气间的物质和能量交换而实现的。李爱贞、刘厚风、张桂芹在《气候系统变化与人类活动》一书中阐述，近年来，气候模式模拟已成为定量研究气候及其变化的主要方法，多用于研究各种因子在不同时间尺度气候变化中所起的作用，预测人类活动对气候的可能影响及在一定条件下气候变化的可能趋势，为气候预报提供依据。试验结果表明，如果南美洲南纬 30°以南的森林被草地代替，降水将减少 15％以上，对扎伊尔一个较小地区的模拟试验也表明，平均降水将减少 30％以上，而亚马孙河流域的森林被砍伐殆尽，南美洲的地面温度将大大增加，降水将有很大变化。亚马孙河流域降水将减少 70％，类似于非洲萨赫勒半干旱地区的水平。委内瑞拉和巴西东北部的降水也急剧减少，以至于不能再维持雨林，这里的森林将不可能恢复。众多数值模拟试验结果表明，下垫面物理性质和陆面物理过程对天气、气候的影响较为显著，而且这种影响存在明显的地区差异。

云南省气象台、云南省气象局、云南气候中心的何华、肖子牛、陶云、赵梅珠在《气候与环境研究》杂志发表文章《植被对云南气候要素影响的敏感性试验》。该文利用

MM_5 模式对云南两个具有代表性的强降水过程进行高分辨率模拟，通过下垫面植被的敏感性试验，考察云南气候要素(降水、温度、湿度、风)等对下垫面植被状况的敏感性，从而达到了解释自然环境及人类活动在云南天气、气候及气候变化中的作用与影响，以期提高对未来天气、气候变化、环境变化及其对人类社会发展影响的预测和评估能力的试验。结果表明：降水范围及降雨量随下垫面植被覆盖率的减小而减小，当下垫面覆盖率为零时(即为沙地时)，降水强度将减弱 $20\%\sim80\%$。水平温度和温度梯度值随下垫面植被覆盖率的减小而增大，当下垫面为沙地植被时，近地层温度将上升 $2℃$ 左右，对流层低层温度变化趋于剧烈，空气中水汽含量随下垫面植被覆盖率的减小而减少。当下垫面为沙地时，近地层温度将上升 $2℃$ 左右，对流层低层温度变化趋于剧烈，空气中水汽含量随下垫面植被覆盖率的减小而减少。下垫面植被对近地层流场的影响主要表现在风速的改变上，风速随下垫面植被覆盖率的减小而增大。当下垫面沙生植被时，风速普遍增大。所以，当下垫面植被覆盖率减少时，云南气候变化的情景是降雨量减少，降水面积减小、气温升高、空气湿度减小、风速增大等。由于蒸发能力与当地的太阳辐射、温度、湿度、风速等有密切关系，所以降水减少、气温升高、空气湿度减小、风速增大将导致蒸发能力增强。干旱指数(蒸发能力与年降雨量之比)增大，结果是云南 78% 的半湿润地带可能变为半干旱或干旱地带，2% 的半干旱地带就有可能变为干旱地带。由于干旱，地表自然生态环境系统失去了水分的协调功能，使地表植被覆盖率进一步降低，加剧云南的干旱化进程。由于植被消失，植被蒸腾耗热量变为 0。由于植被消失，地表裸露，土壤水分可以直接与大气进行交换，所以地表蒸发耗热增加明显，不利于土壤湿度的保持，可能会导致土壤湿度下降，荒漠化加剧。可见，下垫面植被状况的改变对云南自然生态系统有较大影响，反过来自然生态系统的变化又加剧气候的变化，最终使云南气候和环境生态系统偏离原来的平衡状态和演变过程，"绿色云南"将不复存在，严重威胁人类的生存与发展。

西双版纳原来森林密布，雾天多，年均温比现在低，由于大面积砍伐热带森林种植橡胶，现在雾天减少，雾量也减少，气温不断升高。西双版纳热带植物园赵俊斌、宋富强等人认为，西双版纳植物园的气温每年以 $0.013℃$ 的速度上升。自 20 世纪 70 年代以来，这里的气候发生了显著变化，其气温以每 10 年 $0.18℃$ 的速度上升。王筝等综述植被与气候的关系时指出，高原植被大面积破坏导致西风急流偏西偏北，使北方冷空气难以到达我国长江流域，孟加拉湾地区经向风也会减弱，向我国内陆输送的水汽会减少，我国大部分地区降水明显下降；华南森林砍伐还会导致江淮流域降水减少，北方地区降水增加。植被退化可以造成中国北方和南方的降水减少和江淮流域的降水增加，植被退化区温度升高，华中地区温度降低，绿色地球和沙漠地球之间的温度、降水都存在明显的差异，植被的存在使得陆地表面蒸发散增大了三倍以上，降水增加两倍，温度下降 $8℃$。

8. 主要因子影响评估

1)研究方法

层次分析法(analytic hierarchy process，简称 AHP 法)人们在进行社会的、经济的以及科学管理领域问题的系统分析中，面临的常常是一个由相互关联、相互制约的众多因素构成的复杂系统。层次分析法为分析这类复杂的社会、经济以及科学管理领域中的问题提供了一种新的、简洁的、实用的决策方法。

用层次分析法作系统分析，首先要把问题层次化。根据问题的性质和要达到的总目标，将问题分解为不同的组成因素，并按照因素间的相互关联影响以及隶属关系将因素按不同层次聚集组合，形成一个多层次的分析结构模型。并最终把系统分析归结为最低层(供决策的方案、措施等)，相对于最高层(总目标)的相对重要性权值的确定或相对优劣次序的排序问题。

在排序计算中，每一层次的因素相对上一层次某一因素的单排序问题又可简化为一系列成对因素的判断比较。为了将比较判断定量化，层次分析法引入 1—9 比率标度方法，并写成矩阵形式，即构成所谓的判断矩阵，形成判断矩阵后，即可通过计算判断矩阵的最大特征根及其对应的特征向量，计算出某一层元素相对于上一层次某一个元素的相对重要性权值，在计算出某一层次相对于上一层次各个因素的单排序权值后，用上一层次因素本身的权值加权综合，即可计算出某层因素相对于上一层整个层次的相对重要性权值，即层次总排序权值。这样，依次由上而下即可计算出最低层因素相对应层次的重要性权值或相对优劣次序的排序值。决策者根据对系统的这种数量分析，进行决策、政策评价、选择方案、制定和修改计划、分配资源、决定需求、预测结局、找到解决冲突的方法等等。

这种将思维过程数学化的方法，不仅简化了系统分析和计算，还有助于决策者保持其思维过程的一致性。在一般的决策问题中，决策者不可能给出精确的比较判断，这种判断的不一致性可以由判断矩阵的特征根的变化反映出来。因而，我们引入了判断矩阵最大特征根以外的其余特征根的负平均值作为一致性指标，用以检查和保持决策者判断思维过程的一致性。评价者对复杂系统的评价思维过程数学化。简单说就是运用多因素分级处理来确定因素权重的方法。基本思路是评价者通过将复杂问题分解为若干层次和若干要素，并在同一层次的各要素之间简单地进行比较、判断和计算，得出不同替代案的重要度，从而为选择最优方案提供决策依据。适合多评选标准的复杂决策。

2)层次结构模型的建立

层次结构模型分为三层。最高目标层(A)；准则层(B)为间接影响环境因子(B1)、直接影响环境因子(B2)、灾害性天气(B3)；下层为指标层次分析结构，见图 2.19。

根据层次结构之间的关系，准则层中各准则在目标衡量中所占比重并不一定相同，通过专家打分法和调研数据统计，对每个判断矩阵各指标的重要性进行两两比较，根据表 1 中标度标准构成相应矩阵，整理得出影响树种选择的评价因子的判断矩阵。

表 2.5　判断段矩阵 1~9 标度含义

分标度标准	
1	两个元素对某个属性具有同样重要性
3	两个元素比较，一元素比另一元素稍微重要
5	两个元素比较，一元素比另一元素明显重要
7	两个元素比较，一元素比另一元素重要得多
9	两个元素比较，一元素比另一元素极端重要
2、4、6、8	表示需要在上述两个标准之间折中时的标度
1/a	两个元素的反比较

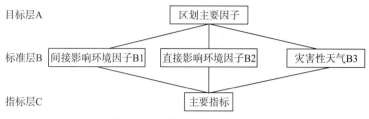

图 2.19   区划环境因子分析图

表 2.6   标准层对于目标层的判断矩阵

A	B1	B2	B3
B1	1	1/5	2
B2	5	1	5
B3	1/2	1/5	1

注：用天津大学郭均鹏先生的计算软件，计算得。

$$W_{直} = \begin{bmatrix} 0.179 \\ 0.709 \\ 0.112 \end{bmatrix}, \lambda_{max} = 3.054, CI = 0.027, RI = 0.580, CR = 0.047$$

式中：$W_{直}$ 为区域直接影响主要因子特征向量，λ_{max} 为最大特征根，CI 为一次性检验值，RI 为随机一次性检验值，CR 为随机一次性检验比率。

本次分析 CR<0.1，一次性检验得到通过。

分析说明，对石漠化治理有直接影响的是生态因子(光、热、水、土、植被等)，占权重的 0.709，在治理区域划分中起决定作用；灾害性天气对治理植物有一定影响(权重为 0.112)，尤其是低温冷害的影响大；地貌、地形地势，还有季风来向、强度及所带的水汽，总的影响权重为 0.179，通过对光、热、水的重新分配而产生影响。

对各间接影响因子分析其影响程度，有如下矩阵。

表 2.7   间接影响因子层次的判断矩阵

B1	C1	C2	C3
C1	1	1	1/2
C2	1	1	1/2
C3	2	2	1

注：C1 为地貌，C2 为地形地势、C3 为季风。

$$W_{间} = \begin{bmatrix} 0.250 \\ 0.250 \\ 0.500 \end{bmatrix}, \lambda_{max} = 3.000, CI = 0.000, RI = 1.580, CR = 0.000 < 0.10$$

式中：$W_{间}$ 为间接影响因子的特征向量 λ_{max} 为最大特征根，CI= 为一次性检验值，RI 为随机一次性检验值，CR 为随机一次性检验比率。

本分析 CR<0.1，理论上一次性检验通过。

就是说，地貌的影响权重为 0.045，地形地势(含山脉、海拔)的影响权重为 0.045，季风的影响权重为 0.090(表 2.8)。

表 2.8　B1 各组成部分的特征向量计算

B1	W1	0.179
C1	0.250	0.045
C2	0.250	0.045
C3	0.500	0.090

直接影响因子中光照虽然重要，但云南光照充足，可以不进行影响评估。气候带对石漠化治理方法及物种的选择有影响，温度、水分的影响很重要，土壤的影响不可忽略，植被的影响较强（表 2.9）。

表 2.9　直接影响因子层次的判断矩阵

B2	C6	C7	C8	C9
C4 温度	1	2	3	5
C5 湿度	1/2	1	3	3
C6 土壤	1/3	1/3	1	2
C7 植被	1/5	1/3	1/2	1

结果得

$$W_{直} = \begin{bmatrix} 0.477 \\ 0.297 \\ 0.140 \\ 0.087 \end{bmatrix}, \lambda_{max} = 4.065, CI = 0.022, RI = 0.900, CR = 0.024$$

$W_{直}$ 为直接影响因子特征向量，λ_{max} 为最大特征根，CI 为一次性检验值，RI 为随机一次性检验值，CR 为随机一次性检验比率。

本分析 CR<0.1，一次性检验通过。

在所有因素中，温度的影响权重为 0.338，水分的影响因素权重为 0.210。土壤的影响权重为 0.099，植被的影响权重为 0.062（表 2.10）。

表 2.10　B2 各组成部分的特征向量计算

B2	W2	0.709
C4（温度）	0.477	0.338
C5（水分）	0.297	0.210
C6（土壤）	0.140	0.099
C7（植被）	0.087	0.062

灾害性天气主要影响因子有低温冷害、霜冻、洪涝、干旱 4 个因子，合并前 2 个性质相似的因子后，就是霜冻、洪涝、干旱 3 个因子。作 AHP 分析如下。

表 2.11　灾害性天气影响因子层次的判断矩阵

B3	C10	C11	C12
C8	1	3	1
C9	1/3	1	1/2
C10	1	2	1

注：C8 为霜冻，C9 为洪涝、C10 为干旱。

$$W_i = \begin{bmatrix} 0.443 \\ 0.169 \\ 0.387 \end{bmatrix}, \lambda_{\max} = 3.018, CI = 0.009, RI = 0.580, CR = 0.016$$

表 2.12　B3 各组成部分的特征向量计算

B2	W2	0.112
C10（霜冻）	0.443	0.050
C11（洪涝）	0.169	0.019
C12（干旱）	0.387	0.043

表 2.13　主要影响因子排序

主要影响因子	权重值	排序
C1 地貌	0.045	7
C2 地形地势	0.045	7
C3 季风	0.090	4
C4 温度	0.338	1
C5 湿度	0.210	2
C6 土壤	0.099	3
C7 植被	0.062	5
C8 霜冻	0.050	6
C9 洪涝	0.019	9
C10 干旱	0.043	8

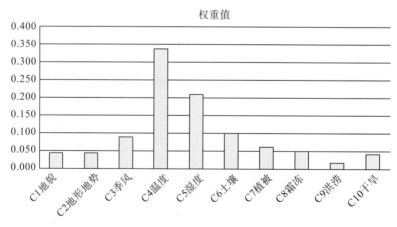

图 2.20　主要影响因子影响层次分析柱状图

　　影响层次划分：①第一层次为温度；②第二层次为湿度；③第三层次为土壤、季风、植被、霜冻；④第四层次为地貌、地形地势、干旱；⑤第五层次为洪涝灾害。

　　气候是区域划分最重要的因素，其次是土壤条件。植被是气候、土壤的反映，也有较高的参考价值。云南地貌可以分为三大台阶：第一台阶为德钦、香格里拉；第二台阶为云南高原；第三台阶为云南南部边境地区。不同地貌有不同的气候条件及土壤条件，形成了与之相适应的植物、植被。云南多高大的山脉，他们对气候有再分配的作用。北方南下冷空气进入四川、贵州后，由于有乌蒙山的阻挡很难进入云南腹地，常在乌蒙山区形成"昆明准静止锋"。哀牢山对于入侵云南的冷空气有明显的阻挡作用，在他的西侧几乎常年没有冷空气活动。而且由于与印度季风几乎成正交，使得滇西南地区降水丰沛。他们都是区划时必须考虑的因素。

中国科学院地理研究所郑景云研究员等的《中国气候区划新探》发表后，学者们逐渐认识到，采用日平均气温稳定≥10℃的日数（积温日数）作为指标，能更准确地刻划出我国温度条件的地域分异，特别是对高原地区的气候区划分更具实践意义。因此这一指标在 20 世纪 80 年代以后就被中国科学院和中央气象局等部门编制的气候区划所采用。而湿度通常用干燥度来表示。云南属低纬高原，时时有灾害性天气来袭。三者比较温度因子的影响大于湿度因子，湿度因子大于灾害性气候因子。同一温度带由于湿度不同会有不同的土壤生成。灾害性气候因子也在我们的参考范围内。我们常常看到，有的地方种植的热带作物平时长势喜人，但一遇寒潮作物或是受冻，或是毁于一旦，所以灾害性天气也是选择物种时必须考虑的因素。

2.1.7　小结

(1)综合影响因素，可以分成四个层次：第一层次为温度、水分；第二层次为土壤、季风、植被、霜冻；第三层次为地貌、地形地势、干旱；第 4 层次为洪涝灾害。

云南受东南季风及西南季风的影响，但影响范围不同，所带来的水汽也不同。哀牢山元江以东受东南季风影响更多些，哀牢山元江以西受西南季风影响更多些，所受冷害霜冻程度也不同。在划分区域中可以结合其他因素一起考虑。

(2)云南地貌分三级台阶，西北高，东南低。最高海拔为梅里雪山卡瓦格搏峰，高6740m，最低海拔河口县两江汇合处，高 76.4m。

第一级台阶为青藏高原的东南缘，地势高亢，气候寒冷，多冰雪霜冻。地带性土壤为暗棕壤及棕色森林土，地带性植被为寒温带针叶林及高山草甸。农业区划属夏作一熟农林牧区。近半年为冰雪覆盖，对工程措施应有不同要求。该区应单独成立一个区域。

(3)受季风气候影响，云南大都为干湿分明的气候，而滇东北地区属云南高原向四川盆地过度地区，气候四季分明，冬季干旱不十分明显，夏热冬湿，地带性土壤为黄壤，植被为中国东部湿润常绿阔叶林。农业区划属旱作大小春两熟区，可划为一独立区域。

(4)云南南部边境地区为北热带地区，年均温≥20℃，活动积温≥7500℃，雨量充沛，植物正常生长需要的温度为 18℃以上，5℃以下植物即受冷害。地带性土壤为砖红壤，地带性植被为雨林、季雨林，可以种植热带作物，农业为大春三熟热作区。

(5)哀牢山元江是云南中南部气候的分界线。哀牢山元江以西受西南季风影响强烈，应独立成一区域，少冷害寒流，雨量充沛，阳光充足。南部地区地带性土壤为赤红壤，植被为季风常绿阔叶林，石漠化区域农业为双季稻小麦三熟区。哀牢山元江以东文山县以南属南亚热带气候，除西南季风对其有影响外，更多受东南季风。活动积温低于哀牢山以西地区约 200℃。气候较湿润。低温冷害时有发生，南部地区地带性土壤为赤红壤，植被为季风常绿阔叶林（哀牢山以西地区气候）及暖热性硬叶常绿阔叶林。石漠化区域农业为双季稻小麦三熟区。洪涝灾害少发。

(6)由于地处东南季风及西南季风的"雨影区",红河州北部属半干旱气候类型,地带性土壤为赤红壤,文山市为半湿润类型。植被为季风常绿阔叶林、云南松林。低温冷害时有发生。为双季稻小麦三熟区。

(7)滇中、东高原为中、北亚热带半湿润气候,雨量适中。地带性土壤为红壤,地带性植被为半湿润常绿阔叶林,农业为籼稻小麦两熟区或籼稻小春两熟区。时有有冷害寒潮影响。

(8)滇西保山市石漠化地区属横断山纵谷区,半湿润气候,地带性土壤为红壤或赤红壤,半湿润北、中亚热带气候,植被区域为滇西横断山半湿润常绿阔叶林区与或滇西南山原河谷季风常绿阔叶林区。农业为籼稻小麦两熟区或籼稻小春两熟区。洪涝灾害少发。

(9)乌蒙山南段为"昆明准静止锋"活动区域,地势陡峭,寒害及洪涝灾害多发。活动积温 3200~4400℃,半湿润气候类型,地带性土壤为山地红壤,原生植被有半湿润常绿阔叶林,有温凉性针叶林(华山松林)、暖温性针叶林(云南松林)及温凉性硬叶常绿阔叶林(灰背高山栎、光叶高山栎、黄背栎)分布。农业区划属粳稻小春两熟区。

(10)石漠化治理区域划分可以先按热量带划分石漠化区,再按湿度划分。

(11)森林的砍伐、石漠化的形成对气候均有不同程度的影响。

(12)云南间断分布着两个中亚热带气候带,一个在滇中,一个在滇东北向四川倾斜的斜坡上,后者气候冬湿夏热,四季分明,具有四川盆地的气候特征。滇中的土壤为红壤,滇东北的土壤为黄壤;云南还间断分布着两个南亚热带气候带,一个在云南的中南部,一个在金沙江流域及其支流的华坪、永仁、巧家等县的部分地区。前者符合纬度变化的规律,地带性土壤为赤红壤,后者为非地带性的燥红土。后者多分布在云南北部的金沙江河谷及其支流。针对此种特殊情况,我们用温度带作为一级标准划分"区",用干燥度作为"小区"的主要划分标准。

(13)石漠化综合治理分生物治理及工程治理,治理应以小流域为单位进行。

2.2　区　域　划　分

划分原则:

①有利于综合治理的原则;

②有利于适地适树、适地适草的原则;

③顺应气候特征的原则;

④照顾地理单元的原则。

划分主要参考因素:

①活动积温天数(温度因子)、干燥度(温度因子);

②地带性土壤。

辅助因素:

①其他气候条件相似;

②灾害性天气的影响相似;

③地形、地势、地貌特征;

④植被分区基本相似。

云南 65 个石漠化县(市、区)划分为 7 个石漠化区,19 个小区。排列如图 2.21 所示。

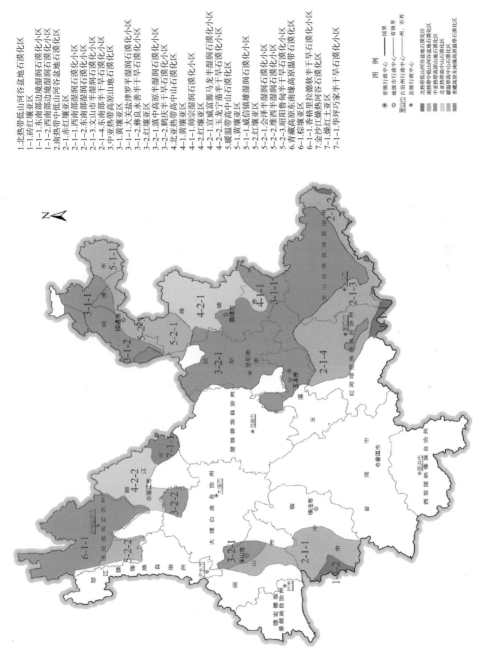

1.北热带低山河谷盆地石漠化区
1-1.砖红壤亚区
1-1-1.东南部边境湿润石漠化小区
1-1-2.西南部边境湿润石漠化小区
2.南热带中低山河谷盆地石漠化区
2-1.赤红壤亚区
2-1-1.西南部湿润石漠化小区
2-1-2.东南部湿润石漠化小区
2-1-3.文山市半湿润石漠化小区
2-1-4.东南部半干旱石漠化小区
3.中亚热带高原山地石漠化区
3-1.黄壤亚区
3-1-1.大关盐津罗平半湿润石漠化小区
3-1-2.彝良永善半干旱石漠化小区
3-2.红壤亚区
3-2-1.滇中高原半湿润石漠化小区
3-2-2.鹤庆半干旱石漠化小区
4.北亚热带高中山石漠化区
4-1.黄壤亚区
4-1-1.师宗湿润石漠化小区
4-2.红壤亚区
4-2-1.宣威富源马龙半湿润石漠化小区
4-2-2.玉龙宁蒗半干旱石漠化小区
5.暖温带高中山石漠化区
5-1.黄壤亚区
5-1-1.威信镇雄湿润石漠化小区
5-2.红壤亚区
5-2-1.会泽半湿润石漠化小区
5-2-2.维西半湿润石漠化小区
5-2-3.昭阳鲁甸半干旱石漠化小区
6.青藏高原东南缘高原温带石漠化区
6-1.棕壤亚区
6-1-1.香格里拉德软半干旱石漠化小区
7.金沙江燥热河谷石漠化区
7-1.燥红土亚区
7-1-1.华坪巧家半干旱石漠化小区

图　例

⊙　省级行政中心
◎　地级市行政中心
●　州、市中心
○　县自治州行政中心
○　县级行政中心
────　国界
────　省级界
────　州、市界
▨▨　北热带低山河谷盆地石漠化区
▨▨　南热带中低山河谷盆地山地石漠化区
▨▨　中亚热带高原山地石漠化区
▨▨　北亚热带高中山石漠化区
▨▨　暖温带高中山石漠化区
▨▨　青藏高原东南缘高原温带石漠化区

图 2.21　云南石漠化综合治理县（市、区）土地区域划分图

1. 北热带低山河谷盆地石漠化区

主要包含河口、耿马(孟定)及马关、屏边、富宁、麻栗坡县边境零星地段。北热带气候，区内长夏无冬，谷底内基本无霜；干季内多有浓雾，受热带季风气候的影响有干湿季但为期不长，是我国不可多得的热带作物栽培地区。

1-1-1. 东南部边境湿润石漠化小区

指文山壮族苗族自治州及红河哈尼族彝族自治州边境石漠化地区，该地区年均温>21℃，一月均温>15℃，活动积温>7500℃，活动积温天数365d，降雨量为1100~1700mm，干燥度<1.0。气候特征为高温高湿。植被分区为滇东南峡谷中山湿润雨林、山地苔藓林区；文山壮族苗族自治州东南部低山河谷麻栎、无忧花林亚区；红河、文山壮族苗族自治州南缘峡谷中山云南龙脑香、毛坡垒林，樟、茶、木兰林亚区。地带性土壤为黄色或红色砖红壤。小区内垂直分布明显，随海拔及地形变化有雨林、季节雨林、半常绿季雨林、落叶季雨林、山地雨林、季风常绿阔叶林、半湿润常绿阔叶林、中山湿性常绿阔叶林、山地湿性苔藓栎类林、山顶苔藓矮林分布。该亚区冬季有时会有东来的冷空气来袭。

1-1-2. 西南部边境湿润石漠化小区

指临沧市耿马(孟定)边境石漠化地区，为宽谷间山盆地。该地区年均温21.5℃，一月均温14.3℃，活动积温7865℃，活动积温天数365d，年降雨量为1503mm，干燥度<1.0。植被分区为滇南、滇西南山间盆地季节雨林、半常绿季雨林区，滇西南中山宽谷高榕、麻栎林亚区。土壤为红色砖红壤。该亚区一般少受冷空气入侵。

2. 南热带中低山河谷盆地石漠化区

主要涉及镇康、耿马、沧源、永德、屏边、马关、富宁、西畴、麻栗坡、广南等县。西南部兼有宽谷盆地，东南部峰丛洼地较多，土山石山相间。以南亚热带气候为主。

2-1-1. 西南部湿润石漠化小区

涉及镇康、耿马、沧源、永德、施甸等县。该小区为横断山纵谷区南部，云岭、怒山山脉余脉，间山宽谷地貌。属湿润南亚热带气候。年均温17.1~18.9℃，一月均温10~12℃，活动积温天数340~360d，活动积温6100~6800℃，降雨量1500~1650mm，干燥度<1.0。四季温和湿润，年较差较小，雨量较多。地带性土壤为赤红壤。植被分区为滇西南中山山原河谷季风常绿阔叶林区，临沧山原刺栲、印度栲，刺斗石栎亚区。灾害性气候分区为少干旱风险区，低温冷害低风险区。气候、土壤、植被垂直分布明显，冬季寒流及冷空气影响较少发生。

2-1-2. 东南部湿润石漠化小区

涉及富宁、麻栗坡县，屏边、马关县南部，广南县东部。地势西北高、东南低，最高海拔2590m，最低海拔107m，具有高原、山地、丘陵、盆地及喀斯特地貌。年均温>17℃，一月均温>10℃，活动积温5700~6400℃，活动积温天数285~305d，降雨量1200~1700mm，干燥度<1.0。但受季风影响较多，年较差较大，夏热冬暖。地带性土壤为赤红壤。植被分区为滇东南岩溶峡谷季风常绿阔叶林区，蒙自、元江岩溶高原峡谷云南松、红木荷林，木棉、虾子花草亚区。气候、土壤、植被垂直分布明显。该亚区有

时会受寒流影响，属低温冷害中风险区。

2-1-3. 文山半湿润石漠化小区

涉及文山市。地形复杂，具有高山峡谷、山地、丘陵、盆地、岩溶地貌，总体地势西北高、东南低，山峦连绵起伏，河谷、沟壑纵横交错。最高海拔 2991.2m，最低海拔 618m。半湿润南亚热带气候。年均温 15.9～17.8℃，一月均温 10.4℃，活动积温 5787℃，活动积温天数 299d，干燥指数 1.3。地带性土壤为赤红壤。植被分区为滇东南岩溶峡谷季风常绿阔叶林区，文山岩溶山原罗浮栲、大叶栒林亚区。气候、土壤、植被垂直分布明显，属低温冷害中风险区。

2-1-4. 东南部半干旱石漠化小区

涉及开远、建水、蒙自及个旧、弥勒部分地区。以南亚热带气候半干旱气候为主。年均温 16～19℃，一月均温 10～14℃，活动积温 6000～7000℃，活动积温天数 320～340d，干燥指数 1.5～2.0，属东南季风及西南季风"雨影区"。地带性土壤为赤红壤。植被分区为滇东南岩溶峡谷季风常绿阔叶林区，蒙自、元江岩溶高原峡谷云南松、红木荷林，木棉、虾子花草亚区。以暖热性针阔混交林(云南松、红木荷林)及暖热性硬叶常绿阔叶林为主。气候、土壤、植被垂直分布明显。属干旱多发区，低温冷害中风险区，洪涝中风险区。

3. 中亚热带高原山地石漠化区

包括昆明市、玉溪市、曲靖市、文山壮族苗族自治州的丘北、砚山、西畴县，红河哈尼族彝族自治州个旧市、屏边北部，保山市隆阳区、大理白族自治州鹤庆县、昭通市盐津、大关、永善县以及文山壮族苗族自治州丘北、砚山、西畴县；横断山地区涉及隆阳区，滇东北涉及沿四川、贵州边缘的盐津、大关、永善等县，是面积最广的一个区域。

3-1-1. 大关盐津罗平湿润石漠化小区

涉及盐津、大关、罗平县。境内地势起伏较大，具有山地、小坝子、河谷地貌。最高海拔 2785m，最低海拔 329m。属湿润中亚热带气候。年均温 11～17℃，一月均温 3～7℃，活动积温 4500～5400℃，活动积温天数 215～262d，年降雨量 997～1200mm，干燥度 0.6～0.8，属湿润暖温带气候。夏季炎热，冬季湿润、偏暖，四季分明。代表性土壤为黄壤。植被区域为东部(湿润)常绿阔叶林亚区域，东部(中亚热带)常绿阔叶林带，滇东北边缘中山河谷峨眉栲、包石栎林区植被区域为滇东北边缘中山河谷峨眉栲、包石栎林区及镇雄岩溶高原包石栎、峨眉栲、落叶栎类林区，罗平县为滇中、滇东高原半湿润常绿阔叶林、云南松林区，滇中、滇东高原滇青冈、元江栲、云南松林亚区，属雨雪冰冻中高风险区，洪涝灾害中高风险区。

3-1-2. 彝良永善半干旱石漠化小区

涉及彝良、永善县。地形自南向北倾斜，大部分地区被河流切割成侵蚀山地，最高海拔 3199.5m，最低 320m，属半干旱中亚热带气候。年均温 16.4～17℃，一月均温 7.0℃，活动积温 5100～5343℃，活动积温天数 257～261.8d，降雨量 766～781mm，干燥度 1.5。土壤为黄壤。植被区域为东部(湿润)常绿阔叶林亚区域，东部(中亚热带)常绿阔叶林带，滇东北边缘中山河谷峨眉栲、包石栎林。气候、土壤、植被垂直分布明显。属雨雪冰冻高风险区，洪涝灾害高风险区。

3-2-1. 滇中高原半湿润温暖石漠化小区

涉及昆明市各区(县)、玉溪市各区(县)、曲靖市麒麟区及沾益、红河哈尼族彝族自治州泸西、个旧及屏边北部、文山壮族苗族自治州丘北、砚山、西畴、保山市隆阳等县(市、区),具有高原、山地、湖盆地貌,最高海拔4247m,最低海拔160m。半湿润中亚热带气候。年均温14~16.2℃,一月均温6.4~8.8℃,活动积温为3200~4904℃,活动积温天数240~280d(红塔区为286.2d,但一月均温仅为8.8℃),降雨量750~1300mm,干燥度1.0~1.5。地带性土壤为红壤。植被分区为滇中、滇东高原半湿润常绿阔叶林、云南松林区,滇中、滇东高原滇青冈、元江栲、云南松林亚区或为滇东南岩溶峡谷季风常绿阔叶林区,蒙自、元江岩溶高原峡谷云南松、红木荷林,木棉、虾子花草亚区,隆阳区为滇西横断山半湿润常绿阔叶林区,滇西中山山原高山栲、石栎、云南松林亚区。气候、土壤、植被垂直分布明显。属低温冷害中风险区。

3-2-2. 鹤庆半干旱石漠化小区

涉及鹤庆县。境内峰峦起伏、山体连绵,有山地、丘陵、小盆地、河谷等多种地貌。地势西北高、东南低,最低海拔1300m,最高海拔3925m。属半干旱中亚热带气候,年均温13.5℃,一月均温6.3℃,活动积温4029℃,活动积温天数244d,年降雨量963mm,干燥度1.5。气候四季分明,属冬干夏凉的高原季风气候。地带性土壤为红壤。植被分区为滇中、滇东高原半湿润常绿阔叶林、云南松林区,滇中西北部高中山高原云南松林,云冷杉林亚区。气候、土壤、植被垂直分布明显。

4. 北亚热带高中山石漠化区

涉及乌蒙山区的宣威、马龙、富源、师宗县,玉龙山及绵绵山区的玉龙县、古城区、宁蒗县。

4-1-1. 师宗湿润石漠化小区

涉及师宗县。东南部受南盘江及其支流深切,形成山高、谷深、坡陡的特点。地貌以高原、山地为主。西北高、东南低,由西北向东南呈阶梯状,平均海拔1800~1900m,最高海拔2409.7m,最低点海拔737m。属湿润北亚热带气候。年均温13.8℃,一月均温5.7℃,活动积温1269℃,活动积温天数230d,年降雨量1269mm,干燥度0.9。地带性土壤为黄壤。植被分区为滇中、滇东高原半湿润常绿阔叶林、云南松林区,滇中高原盆谷滇青冈林、元江栲林、云南松林亚区。属雨雪冰冻高风险区。

4-2-1. 宣威富源马龙半湿润石漠化小区

涉及马龙、宣威、富源县。属半湿润北亚热带气候。具高原、山地、盆地地貌。境内最高海拔2868m,最低海拔920m,年均温13~14℃,一月均温4~6.5℃,活动积温3860~4005℃,活动积温天数225~232d,年降雨量998~1080mm,干燥度1.1~1.3。地带性土壤为红壤。植被分区为滇中、滇东高原半湿润常绿阔叶林、云南松林区,滇中高原盆谷滇青冈林、元江栲林、云南松林亚区及滇东北高原高、中山云南松林羊草草甸亚区。气候、土壤、植被垂直分布明显。属雨雪冰冻高风险区。

4-2-2. 玉龙宁蒗半干旱石漠化小区

涉及玉龙、古城、宁蒗。具山区、平坝、河谷、峡谷地貌。最高海拔5596m,最低海拔1219m。属半湿润北亚热带气候。年均温12~13℃,一月均温4.2~5.9℃,活动积温 3530~3800℃, 活动积温天数 227~245d, 年降雨量 900~964mm, 干燥度 1.4~1.5。地带性土壤为红壤。植被分区为滇中、滇东高原半湿润常绿阔叶林、云南松林区, 滇中西北部高、中山云南松林, 云冷杉林亚区。气候、土壤、植被垂直变化明显。属雨雪冰冻高风险区。

5. 暖温带高中山石漠化区

涉及乌蒙山区的镇雄、威信、会泽、昭阳、鲁甸、青藏高原与横断山脉过渡区的维西县。

5-1-1. 威信镇雄湿润石漠化小区

涉及镇雄、威信县。位于云南高原向四川盆地及贵州高原过渡的斜坡地带, 境内山峦起伏, 沟壑纵横。具山地、盆地、沟谷地貌。最高海拔 2416m, 最低海拔 480m。属湿润暖温性气候, 四季分明, 夏暖冬湿, 年均温 11~13℃, 一月均温 1~3℃, 活动积温 3100~3750℃, 积温天数 180~216d, 降雨量 920~1100mm, 干燥度 0.8~1.0。代表性土壤为黄壤, 植被区域为东部(湿润)常绿阔叶林区域, 东部(中亚热带)常绿阔叶地带, 滇东北边缘中山河谷峨眉栲、包石栎林区及镇雄岩溶高原包石栎、峨眉栲、落叶栎类林区。气候、土壤、植被垂直变化明显。属低温冷害高发区, 洪涝灾害多发区。

5-2-1. 会泽半湿润石漠化小区

涉及会泽县。地处乌蒙山主峰地段。地势西高东低。会泽县最高峰海拔 4017m, 最低海拔 695m。具高中山、峡谷、盆地地貌, 属半湿润暖温带气候。年均温 12.7℃, 一月均温 4.7, 活动积温 3537.5℃, 活动积温天数 213d。地带性土壤为红壤。植被区域为滇中、滇东高原半湿润常绿阔叶林、云南松林区, 滇东北高原高、中山云南松林羊草草甸亚区。气候、土壤、植被垂直变化明显。冰雪霜冻风险较高。

5-2-2. 维西半湿润石漠化小区

涉及维西县。地处青藏高原与云南高原交接部, 横断山脉"三江并流"地带, 受高原季风气候影响较深。最高海拔 4880m, 最低海拔 1480m。有高山、河谷、盆地和草甸地貌。属半湿润暖温带气候。年均温 11.3℃, 一月均温 3.7℃, 活动积温 3079℃, 活动积温天数 189d, 年降雨量 957mm, 干燥度 1.2。气候特点为长冬无夏, 春秋相连, 仅有冷暖、干湿季之分。气象站土壤为红壤。植被区域为滇西横断山半湿润常绿阔叶林区, 云岭、澜沧江高、中山峡谷云南松林、元江栲林, 冷杉林亚区。气候、土壤、植被垂直变化明显。属低温冷害高发区, 冰雪灾害多发区。

5-2-3. 昭阳鲁甸半干旱石漠化小区

涉及昭阳区、鲁甸县。地势西高东低, 具山地、高原、丘陵、盆地、断陷河谷地貌。海拔最高 3356m, 最低海拔 568m。属半干旱暖温带气候。活动积温 3230~3350℃, 活动积温天数 182~198d, 年均温 11~13℃。地带性土壤为红壤。植被区域为滇中、滇东高原半湿润常绿阔叶林、云南松林区, 滇东北高原高、中山云南松林羊草草甸亚区。气候、土壤、植被垂直变化明显。属冰雪霜冻高发区。

6. 青藏高原东南缘高原温带石漠化区

涉及德钦及香格里拉市, 属高原气候类型。

6-1-1. 香格里拉德钦半干旱石漠化小区

涉及德钦县、香格里拉市。位于青藏高原东南缘，横断山脉三江纵谷区东部。最高海拔 6740m，最低海拔 1503m，具高原、山地、盆地、河谷地貌，属青藏高原温带气候。平均海拔为 3450m，年均温 4.7~5.4℃，一月均温≤-3.0℃，绝对最低温-27.1~-25.4℃，活动积温天数 55~111d，活动积温 645~1393℃。年雨量 619.9~663.7mm。7月均温 11~13℃，干燥度≥1.5，有霜日 238d。气候长冬无夏，干湿分明。地带性土壤为棕壤。植被区域为青藏高原东南部山地寒温性针叶林、草甸地带，德钦、中甸高山高原云、冷杉林，蒿草灌木草甸区。气候、土壤、植被垂直变化明显。属低温冷害高发区，冰雪灾害多发区。

7. 金沙江燥热河谷石漠化区

涉及华坪、巧家县，位于金沙江沿岸，由于焚风效应的影响，气候干热，属"干热河谷"气候类型。

7-1-1. 华坪巧家半干旱石漠化小区

涉及华坪、巧家县，具高原、山地、河谷地貌。最高海拔 4041m，最低海拔 517m。干热河谷气候。年均温>19.9℃，一月均温 12℃，活动积温>7000℃，活动积温天数>326d，降雨量 799~1025mm，干燥度>1.5。代表性土壤为燥红土。植被分区属滇中、滇东高原半湿润常绿阔叶林、云南松林区，滇中、北中山峡谷云南松林，高山栎类林亚区。气候、土壤、植被垂直分布明显。干旱多发区。

表 2.13　云南省石漠化综合治理区域划分表

区	小区	范围、特征	灾害性气候
1. 北热带低山河谷盆地石漠化区	1-1-1. 东南部边缘湿润石漠化小区	文山壮族苗族自治州及红河哈尼族彝族自治州边境尼漠化地区。活动积温>7500℃，活动积温天数365d。一月均温>15℃。属北热带湿润气候。该地区年均温>21℃，一月均温>15℃。降雨量为1100~1700mm，干燥度<1.0。气候特征为高温高湿。植被分区为滇东南中山湿润雨林、山地苔藓雨林。文山壮族自治州东南部低山河谷中山云南龙脑香、毛坡垒林、樟、茶、木兰科全株。地带性土壤为黄色或紫色红色红壤。垂直分布明显。	有时冬季有冷空气入侵
	1-1-2. 西南部边缘湿润石漠化小区	指临沧市耿马(孟定)边境石漠化地区。活动积温7865℃，活动积温天数365d。为宽谷间山盆地。属北热带湿润气候。该地区年均温21.5℃，一月均温14.3℃。降雨量为1503mm，干燥度<1.0。植被分区为滇南，滇西南山间盆地季节雨林、半常绿雨季林区，半常绿季雨林。地带性土壤为红色砖红壤。	冷空气入侵较少
2. 南亚热带中低山河谷盆地石漠化区	2-1-1. 西南部湿润石漠化小区	涉及镇康、耿马、沧源、永德、施甸等县。怒山山脉余脉，该小区为横断山纵谷区南部。云岭、怒山山脉纵贯小区南部。属南亚热带湿润气候。年均温17.1~18.9℃，一月均温10~12℃。活动积温6100~6800℃，活动积温天数340~360d。降雨量1500~1650mm，干燥度<1.0。四季温和湿润，雨量较小。地带性土壤为赤红壤。临沧山原阔叶林区。刺石栎亚区。植被分区为滇南中山山原阔叶林区。印度栎。气候、土壤、植被垂直分布明显。	少干旱风险区。
	2-1-2. 东南部湿润石漠化小区	涉及富宁、麻栗坡、屏边、马关县南部、广南县东部。属南亚热带湿润气候。地势西北高，东南低，一月均温>10℃。年较差较大，夏热冬暖。年均温>17℃，但受季风影响较多。干燥度<1.0。最高海拔2590m，最低海拔107m。具有高原、丘陵、盆地及喀斯特地貌。降雨量1200~1700mm，活动积温5700~6400℃，活动积温天数285~305d。文山岩溶山原常绿阔叶林区。地带性土壤为赤红壤。植被分区为滇东南岩溶峡谷季风常绿阔叶林区。蒙自、元江岩溶高原绿谷季风常绿阔叶林区。红木荷林、云南松、红木荷林、木。气候、土壤、植被垂直分布明显。	有时会受寒流影响，属低温冷害中风险区
	2-1-3. 文山市半湿润石漠化小区	涉及文山市、建水、蒙自及个旧、弥勒部分地区。"雨影型"干旱区。属南亚热带半湿润气候。地形复杂，地貌崎岖起伏，山峦绵起伏。河谷、沟谷纵横交错。最高海拔2991.2m，最低海拔618m。活动积温5787℃，活动积温天数299d。干燥指数1.3。地带性土壤为赤红壤。红松、红木荷林、木棉、虾子花草亚区。大叶栎林亚区。以暖热型花红壤为主。植被分区为滇东南岩溶峡谷季风常绿阔叶林区。土壤、植被垂直分布明显。	低温冷害中风险区
	2-1-4. 东南部半干旱石漠化小区	涉及开远、蒙自及个旧、建水19℃。一月均温10~14℃。"雨影型"干旱季风。地带性土壤为赤红壤。红松、红木荷林、木棉、虾子花草亚区。属南亚热带半干旱气候。活动积温6000~7000℃，活动积温天数320~340d，干燥指数1.5~2.0。总体地势西北高，东南低，半湿润季风气候。年均温16~17℃。以南亚热带半干旱气候为主。蒙自、元江岩溶高原绿谷云南，红木荷林及暖热性硬叶常绿阔叶林区。植被分区为滇	干旱多发区。低温冷害中风险区。洪涝灾害中高风险区
3. 中亚热带高原山地石漠化区	3-1-1. 大关盐津罗平湿润石漠化小区	涉及盐津、大关、罗平县。属中亚热带湿润气候。境内高地势起伏较大。具有山地、小坝子、河谷地貌。最高海拔2785m，最低海拔329m。年降雨量997~1200mm，干燥度0.6~0.8。属湿润中亚热带气候。年均温11~17℃，一月均温3~7℃。活动积温天数215d。夏季炎热。四季分明，偏湿润。代表植被区域为东部(湿润)常绿阔叶林带。东部(中亚热带)常绿阔叶林及镇雄岩溶高原岩溶高原石栎、落叶栎类林区，罗平县。包石栎林区域为滇东北边缘中山河谷绿阔叶林。滇中、滇东高原滇青冈、元江栎、云南松亚区。性土壤为黄壤。	雨雪冰冻中高风险区，高风险区，洪涝灾害中高风险区

续表

区	小区	范围、特征	灾害性气候
	3-1-2. 彝良永善半干旱石漠化小区	涉及彝良、永善县。属中亚热带半干旱气候。地形自南向北倾斜。大部分地区被河流切割成侵蚀山地。最高海拔3199.5m，最低320m。属半干旱中亚热带气候。年均温16.4~17℃，年均温7.0℃。活动积温5100~5343℃。土壤为黄壤。干燥度1.5。植被区域为东部（湿润）常绿阔叶林区（中亚热带）。滇东北边缘中山河谷峡阔叶林带。降雨量766~781mm。气候、土壤、植被垂直分布明显	雨雪冰冻风险区、洪涝灾害高风险区
3. 中亚热带高原山地石漠化区	3-2-1. 滇中高原半湿润石漠化小区	涉及昆明市各区（县）、王遥市各区（县）、曲靖市麒麟区及沾益、红河哈尼族彝族自治州泸西、个旧及屏边北部、文山壮族苗族自治县丘北、砚山、西畴、保山市隆阳等县（市、区）。属中亚热带半湿润气候。年均温14~16.2℃。最高海拔4247m，最低海拔160m。活动积温温240~280d（红塔区为286.2d。但一月均温仅为8.8℃）。降雨量750~1300mm。地带性土壤或为滇红壤。干燥度1.0~1.5。地带性土壤或为滇红壤。云南松林区或为滇红壤。东南台地峡谷半湿润常绿阔叶林、蒙自、元江岩溶高原山峰山。气候、土壤、石栎、植被垂直分布明显。滇西中山山原常绿山林、半湿润常绿阔叶林。滇西中山山原常绿山林	低温冷害风险区
	3-2-2. 鹤庆半干旱石漠化小区	涉及鹤庆县。胡中亚热带半干旱气候。境内峰峦起伏。地势西北高、东南低。河谷等多种地貌。有山地、丘陵、小盆地。山体连绵。一月均温6.3℃。活动积温土壤、年均温6.3℃。活动积温天数244d。最低海拔1300m，最高海拔3925m。年降雨量963mm。干燥度1.5。气候四季分明。云南松林、云南高原半湿润常绿阔叶林、滇中西北部高山中山原云南松林、云冷杉林亚区。植被分区为红壤、气候、土壤、石栎、植被垂直分布明显	多低温冷害、干旱风险区
4. 北亚热带中山石漠化区	4-1-1. 师宗富源半湿润石漠化小区	涉及师宗县。属北亚热带湿润气候。东南部受南盘江及其支流深切。形成山高、谷深、坡岭的特点。地貌以高原、山地为主。西南低，东北高。由西北向东南呈阶梯状。平均海拔1800~1900m。山地湿润北亚热带气候。年均温13.8℃。最高点海拔2409.7m。属湿润区、活动积温1269℃。活动积温天数230d。年降雨量1269mm。植被性土壤为黄壤。地带性土壤为红壤。滇东北半湿润常绿阔叶林、滇中高原半湿润常绿阔叶林、云南松林区。金沙江滇北元江栎林、中山滇青冈、冷杉林。0.9。属湿润北亚热带气候。	雨雪冰冻风险区
	4-2-1. 宣威富源半湿润石漠化小区	涉及宣威。属北亚热带半湿润气候。具高原、山地。境内最高海拔2868m，最低海拔920m。年降雨量3860~4005℃。活动积温天数225~232d。干均温4~6.5℃。植被分区为滇中、滇东高原半湿润常绿阔叶林、云南松林区、滇东北半湿润常绿阔叶林、一月均温为黄壤、地带性土壤为红壤、云南松林、土壤、植被垂直分布明显。中山云南松	雨雪冰冻风险区
	4-2-2. 王龙宁蒗半干旱石漠化小区	涉及王龙、宁蒗、古蔺。属北亚热带温暖气候。具山区、平坝、河谷、峡谷。境内最高海拔2868m。年降雨量998~1080mm。干中高原盆谷滇青冈。年均温12~13℃。一月均温1.4~1.5。地带性土壤为红壤、云冷杉林亚区。最低海拔1219m。活动积温天数227~245d。滇东高原半湿润常绿阔叶林、云南松林。气候、土壤、植被垂直变化明显	雨雪冰冻风险区
5. 暖温带高中山石漠化区	5-1-1. 威信镇雄湿润石漠化小区	涉及镇雄、威信县。属温暖温带湿润气候。位于云南高原向四川盆地及贵州高原过度的斜坡地带。境内山峦起伏。最高海拔2416m，最低海拔480m。属湿润暖温性气候。四季分明。夏暖冬湿。年均温11~13℃，一月均温1~3℃。活动积温3100~3750℃。积温天数180~216d。降雨量920~1100mm。干燥度0.8~1.0。代表性土壤为黄壤。植被区域为东部（湿润）常绿阔叶林区。滇东北中山河谷峨眉栎、落叶阔叶林、栎叶栎、代表性土壤及土壤为黄壤。气候、土壤、植被垂直变化明显。包石栎林区及镇雄岩溶高原包石栎、	低温冷害高发区、洪涝灾害多发风险区

续表

区	小区	范围、特征	灾害性气候
5. 暖温带高中山石漠化区	5-2-1. 会泽半湿润石漠化小区	涉及会泽县。属暖温带半湿润气候。地处乌蒙山主峰地段。地势西高东低。会泽县最高峰海拔4017m，最低海拔695m。具高中山、峡谷、盆地和丘陵地貌。年均温12.7℃，一月均温4.7，活动积温3537.5℃。活动积温天数213d。地带性土壤为红壤。气候、土壤、植被垂直变化明显。羊草草甸亚区。滇东北高原高，中山云南松林、云南高原半湿润常绿阔叶林、中山云南松林	冰雪霜冻风险较高
	5-2-2. 维西半湿润石漠化小区	涉及维西县。属暖温带半湿润气候。地处云南高原与三江高原交接部。横断山脉"三江并流"地带。受高原季风气候影响。有高山、河谷。有高山、盆地和草甸地貌。属半湿润暖温带气候。年均温11.3℃。气候特点为长冬无夏。春秋相连。仅有冷暖之分。干燥度1.2。植被区域为滇西横断山半湿润常绿阔叶林、云岭、中山云南松林、中山高原常绿阔叶林。最高海拔4880m，最低海拔1480m。活动积温3079℃。活动积温天数189d。气象站土壤为红壤。冷杉林亚区。元江栲林、峡谷云南松林亚区。气候、土壤、植被垂直变化明显	低温冷害高发区、冰雪灾害多发区
	5-2-3. 昭阳鲁甸半干旱半石漠化小区	涉及昭阳区、鲁甸县。地势西高东低。属半干旱暖温带气候。半干旱暖温带为滇中。断陷河谷地貌。海拔最高3356m，最低海拔568m。活动积温3230~3350℃。活动积温天数182~198d。年均温11~13℃。地带性土壤为红壤。植被区域为滇中、滇东北高原高、中山云南松林羊草草甸亚区。气候、土壤、植被垂直变化明显	冰雪霜冻高发区
6. 青藏高原东南高原温带石漠化区	6-1-1. 香格里拉德钦半干旱石漠化小区	涉及德钦县、香格里拉市。具高原、山地、盆地。高原、河谷地貌。位于青藏高原东南缘。横断山脉三江纵谷区东部。属青藏高原温带气候。平均海拔3450m。年均温4.7~5.4℃，7月均温≤3.0℃。绝对最低温-27.1~-25.4℃。活动积温天数55~111d。活动积温619.9~663.7mm。有霜日238d。7月降雨量645~1393℃。气候长冬无夏。干湿分明。冷杉林、高山灌木草甸亚区。植被区域为青藏高原标准。植被区域为青藏高原东南部山地寒温高美温性针叶林、草甸地带。德钦。气候、土壤、植被垂直变化明显。中甸高山高原云、土壤。	低温冷害高发区、冰雪灾害多发区
7. 金沙江燥热河谷石漠化区	7-1-1. 华坪巧家半干旱石漠化小区	涉及华坪县、巧家县。属南亚热带干热气候。年均温>19.9℃，一月均温12℃。干热河谷气候。具高原、山地、河谷地貌。最高海拔4041m，最低海拔517m。干燥度>1.5。活动积温>7000℃。活动积温天数>326d。降雨量799~1025mm。干燥度1.5。代表性土壤为燥红土。植被分区属滇中、滇中、北中山峡谷云南松林、高山常绿阔叶林、云南松林区。气候、土壤、植被垂直分布明显	干旱多发区

表2.14 云南省石漠化综合治理县(市、区)治理树种推荐表

亚区	小区	参考树种(不同垂直带)
1. 北热带低山河谷盆地石漠化区 1—1. 砖红壤亚区	1—1—1. 东南部边境湿润石漠化小区	加勒比松(*Pinus caribaea*)格木(*Erythrophleum fordii*)马占相思(*Acacia mangium*)大叶相思(*Acacia auriculaeformis*)楹树(*Albicia chinensis*)沉香(*Aquilaria sinensis*)柚木(*Tectona grandis*)降香黄檀(海南黄花梨)(*Dalbergia odorifera*)大叶山楝(*Aphanamixis grandifolia*)山楝(*Aphanamixis polystachya*)交趾黄檀(越南黄花梨)(*Dalbergia cochichinensis*)奥氏黄檀(老挝黄花梨)(*Dalbergia oliveri*)紫檀(*Pterocarpus indicus*)檀香紫檀(小叶紫檀)(*Pterocarpus santalinus*)董棕(*Caryota urens*)肉桂(*Cortex cinnamomi*)木棉(*Gossampinus malabarica*)爪哇木棉(*Ceiba pentandra*)华无忧花(*Saraca dives*)糖胶树(*Alstonia scholaris*)芒果(*Mangifera indica*)番木瓜(*Carica papaya*)南美油藤(*Plukenetiavolubilis*)麻竹(*Dendrocalamus latiflorus*)薄竹(*Bambusa pallida*)红椿(*Toona ciliata*)大鱼藤(*Derris robusta*)千果榄仁(*Terminalia myriocarpa*)真木花生(*Dasillipe pasquieri*)望天树(*Parashorea chinensis*)蚬木(*Excentrodendron hsienmu*)柄果木(*Mischocarpus sundaicus*)葱臭木(*Dysoxylum gobara*)老虎楝(*Trichilia connaroides*)云南石梓(*Cryptomeria paniculata*)广西大风子(*Hydnocarpus annamensis*)桄榔(*Arenga pinnata*)云南龙脑香(*Dipterocarpus retusus*)绒毛番龙眼(*Pometia tomentosa*)麻楝(*Chukrasia tabularis*)家麻(*Sterculia pexa*)龙眼(*Dimocarpus longgana*)心叶水团花(*Adina cordifolia*)木莲(*Manglietia fordiana*)钝叶黄檀(*Dalbergia obtusifolia*)越南榆(*Ulmus tonkinensis*)薄竹(*Schizostachyum chinense*)橡胶(*Hevea brasiliensis*)香蕉(*Musa paradisiaca*)高阳丁枫(*Altingia excelsa*)马蹄荷(*Exbucklandia populnea*)红花荷(*Rhodoleia parvipetala*)大叶石栎(*Lithocarpus megalophyllus*)山苦子(*Nephium chryseun*)耳叶马兰(*Perilepta qurpicula*)中平树(*Macaranga denticulata*)余甘子(*Phyllanthus emblica*)木姜子(*Litsea* spp.)鼻涕果(*Saurauia napaulensis*)千张纸(*Oroxylum indicum*)云南黄杞(*Engelhardia spicata*)五眼果(*Choerospondias axillaris*)石山羊蹄甲(*Bauhinia comosa*)棕叶芦(*Thysanolaena maxima*)类芦(*Neyraudia reynaudiana*)大翼豆(*Macroptilium lathyroides*)柱花草(*Stylosanthes gracillise*)王草(*Pennisetum purpureum*)巴西雀稗(*Paspalummotatum*)非洲狗尾草(*Setaria* sp.)无芒虎尾草(*Chlorisgayana*)东非狼尾草(*Pennisetum clandestinum*)俯仰臂形草(*Brachiaria decumbens*)象草(*Pennisetum purpureum*)弯叶画眉草(*Eragrostis curvula*)危地马拉草(*Tripsacum laxum*)矮象草(*Pennisetum purpureum*) 杉木(*Cuminghamia lanceolata*)柳杉(*Cryptomeria fortunei*)云南松(*Pinus yunnanensis*)旱冬瓜(*Alnus nepalensis*)截头石栎(*Lithocarpus truncatus*)越南栲(*Castanopsis annamensis*)金叶含笑(*Michelia foveolata*)红木荷(*Schima wallichii*)马蹄荷(*Exbucklandia populnea*)马尾树(*Rhoiptelea chiliantha*)大黄藤(*Fibraurea recisa*)姜状三七(*Panax zingiberensis*)刺栲(*Castanopsis hystrix* var. *major*)滇红花荷(*Rhodoleia henryi*)墨西哥柏(*Cupressus lusitanica*)长蕊木兰(*Alcimandra cathcartii*)湿地松(*Pinus elliottii*)泡核桃(*Juglans sigillata*)核桃(*Juglans regia*)新银合欢(*Leucaena leucocephala*)三七(*Radix notoginseng*)清香木(*Pistacia weinmannifolia*)苦刺花(*Sophora viciifolia*)八角(*Illicium verum*)冬樱花(*Cerasus serasoides*)云南拟单性木兰(*Parakmeria yunnanensis*)黄连木(*Pistacia chinensis*)化香(*Platycarya strobilacea*)红木莲(*Manglietia insignis*)檫树(*Zelkoxas chneideriana*)美国山核桃(*Carya illinoensis*)鹅掌楸(*Liriodendron chinensis*)香椿(*Toona sinensis*)油茶(*Camellia oleifera*)蒙自合欢(*Albizia bracteata*)麻竹(*Dendrocalamus birmanicus*)旱冬瓜(*Alnus nepalensis*)木莲(*Manglietia fordiana*)越南石栎(*Lithocarpus mairei*)光叶石栎(*Lithocarpus mairei*)桔梗(*Platycodon grandiflorus*)乌饭(*Vaccinium* spp.)滇白珠(*Gaultheria yunnamensis*)地瓜(*Pararuellia delauxyana*)山蒟(*Desmodium* sp.)毛叶苕(*Vicia. villosa*)小冠花(*Coronilla varia*)棕叶芦(*Thysanolaena maxima*)类芦(*Neyraudia reynaudiana*)芸香草(*Cymbopogon distans*)茅叶荩草(*Arthraxon prionodes*)孔颖草(*Bothriochloa pertusa*)扭黄茅(*Heteropogon contortus*)黄背草(*Themeda triandra*)孔颖草(*Bothriochloa pertusa*)芸香草(*Arundinella nepalensis*)石芒草(*Cymbopogon distans*)硬杆子草(*Capillipedium assimile*)茅叶荩草(*Arthraxon lanceolatus*)长画眉草(*Eragrostis zeylanica*)芒萁(*Dicranopteris linearis*)

续表

亚区	小区	参考树草种（不同垂直带）
1. 北热带低山河谷盆地石漠化区	1—1. 砖红壤亚区 1—1—2. 西南部边境湿润石漠化小区	千果榄仁（Terminalia myriocarpa）西南桦（Betula alnoides）八宝树（Duabanga grandiflora）辣木（Moringa oleifera）橡胶（Hevea brasilliensis）马占相思（Acacia mangium）大叶相思（Acacia auriculaeformis）楹树（Albicia chinensis）沉香（Aquilaria sinensis）柚木（Tectona grandis）降香黄檀（海南黄花梨）（Dalbergia odorifera）大叶山楝（Aphanamixis grandifolia）山楝（Aphanamixis polystachya）交趾黄檀（德南黄花梨）（Dalbergia cochichinensis）（Dalbergia oliveri）紫檀（Pterocarpus indicus）檀香紫檀（小叶紫檀）（Pterocarpus santalinus）团花（Neolamarckia cadamba）茶树（Camellia sinensis var. assamica）糖胶树（Alstonia scholaris）非洲桃花心木（Khaya senegalensis）澳洲坚果（Macadamia ternifolia）麻竹（Dendrocalamus lati florus）芒果（Mangifera indica）诃子（Terminalia chebula）巨龙竹（Dendrocalamus sinicus）多花山竹子（Garcinia multirora）白花木瓜（Chaenomeles cathayensis）咖啡（Coffea arabica）云南银柴（Aporusa yunmanensis）大翼豆（Macroptilium lathyroides）柱花草（Stylosanthes gracillise）巴西雀稗（Paspalum notatum）非洲狗尾草（Setaria sp.）王草（Pennisetum purpureum）无芒虎尾草（Chlorisgayana）山蚂蝗（Desmodium sp.）象草（Pennisetum purpureum）弯叶画眉草（Eragrostis curvula）危地马拉草（Tripsacum laxum）矮象草（Pennisetum purpereum） 思茅松（Pinus kesiya var. langbianensis）西南桦（Betula alnoides）红椿（Toona ciliata）冬樱花（Cerasus serasoides）秃杉（Taiwania cryptomerioides）三棱栎（Trigonobalamus doichangensis）勐海石栎（Lithocarpus fohaiensis）香面叶（Iteadaphne cuidata）楹树（Albicia chinensis）葡萄（Vitis vinifera）枹丝栲（Castanopsis calathiformis）红木荷（Schima wallichii）剌栲（Castanopsis hystrix）油茶（Camellia oleifera）小果栲（Castanopsis fleuryi）腾冲栲（Castanop sissautii）多变石栎（Lithocarpus var. iolosus）海南蒲桃（Syzygium un cumin）革叶算盘子（Glochidion daltomi）白花羊蹄甲（Bauhinia var. iegata）苦刺花（Sophora vicii folia）巨龙竹（Dendrocalamus sinicus）亮叶围涎树（Pithecellobium bigeminum）山胡椒（Lindera cal fiana）滇黔黄檀（Dalbegia yunmanensis）余甘子（Phyllanthus emblica）大叶斑鸠菊（Vernonia volkamerii folia）大叶千斤拔（Moghania macrophylla）南酸枣（Choerospondias axillaris）鲫鱼胆（Maesa perlarius）菲律宾合欢（Albizia procera）滇南木姜子（Litsea garrettii）金株柳（Measa montana）清香木（Pistacia weinmanni folia）榕树（Ficus spp.）红皮水锦树（Wendlandia tinctoria）大叶斑鸠菊（Vernoniavolkamerii folia）多花野牡丹（Melastoma polyanthum）假桂钓樟（Lindera tonkinensis）岗柃（Eurya grof fii）四棱蒲桃（Syzygium tetragonum）川滇蒲桃（Syzygium tetragonum）梨（Pyrus pashia）银柴（Aporusa sp.）大叶千斤拔（Moghania macrophylla）盐肤木（Rhus chinensis）地桃花（Urena lobata）菲岛桐（Mallotus philippinensis）火绳树（Eriolaena spectabilis）斑鸠菊（Vernonia esculenta）灰毛浆果楝（Cipadessa cinerascens）棕叶芦（Thysanolaenamaxima）类芦（Neyraudia reynaudiana）大叶泥炭草（Ophiopogon lati folius）多花野牡丹（Microstegium fasciculatum）茅叶荩草（Arthraxon lanceolatus）长画眉草（Eragrostis zeylanica）芒萁（Dicranopteris linearis） 滇青冈（Cyclobalanopsis glaucoides）云南松（Pinus yumanensis）高山栲（Castanopsis delavayi）银木荷（Schima argentea）红木莲（Manglietia insignis）旱冬瓜（Alnus nepalensis）滇润楠（Machilus yunmanensis）云南樟（Cinnamomum glanduli ferum）核桃（Juglans spp.）多蕊木（Tupidanthus calyptratus）鹅掌柴（Schef flera spp.）厚朴（Magnolia of ficinalis）：滇木荷（Schima noronhae）木果石栎（Lithocarpus xylocarpus）银木荷（Schima superba）云南铁杉（Tsuga dumosa）长蕊木兰（Alcimandra cathcartii）华山松（Pinus armandi）苍山冷杉（Abies delavayi）须弥红豆杉（Taxus wallichiana）
2. 南亚热带中低山河谷山地石漠化区	2—1. 赤红壤亚区 2—1—1. 西南部湿润石漠化小区	西南桦（Betula alnoides）思茅松（Pinus kesiya var. langbianensis）八宝树（Duabanga grandiflora）红椿（Toona ciliata）冬樱花（Cerasus serasoides）秃杉（Taiwania cryptomerioides）剌栲（Castaania cryptomerioides）红木荷（Schima wallichii）小果栲（Castanopsis fleuryi）栲（Castanopsis wattii）多蕊木（Tupidanthus calyptratus）华盖木（Manglietiastrum sinicum）灯

续表

亚区	小区	参考树草种（不同垂直带）
2. 南亚热带中低山河谷盆地石漠化区	2-1. 赤红壤亚区	2-1-1. 西南部湿润石漠化小区	台树（Cornus controversa）鹅掌柴（Schefflera spp.）清香木姜子（Litsea euosma）巨龙竹（Dendrocalamussinicus）白花羊蹄甲（Bauhinia variegata）假桂钓樟（Lindera tonkinensis）清香木（Pistacia weinmannifolia）草叶算盘子（Glochidion daltonii）围涎树（Pithecellobium）山胡椒（Lindera spp.）多花蔷薇（Rosa multiflora）香水月季（Rosa odorata）滇黔黄檀（Dalbegia yunmanensis）红皮水锦树（Wendlandia tinctoria）余甘子（Phyllanthus emblica）大叶斑鸠菊（Vernonia volkameriifolia）大叶千斤拔（Vernoniaoolka meriifolia）南酸枣（Choerospondias axillaris）鲫鱼胆（Maesa perlarius）盐肤木（Rhus chinensis）合欢（Albizia spp.）多花野牡丹（Melastoma polyanthum）灰毛浆果楝（Cipadessa cinerascens）蔓生莠竹（Microstegium vagans）茅叶荩草（Arthraxon lanceolatus）大野古草（Arundinella decempedals）长画眉草（Eragrostis）密子草（Neyraudia reynaudiana）地皮消（Pararuellia delauayana）非洲狗尾草（Setaria sp.）无芒虎尾草（Chloris gayana）山蚂蝗（Desmodium sp.）苦刺花（Sophora viciifolia）大翼豆（Macroptilium lathyroides）住花草（Stylosanthes gracillise）巴西雀稗（Paspalumnotatum）毛叶苕子（Vicia. villosa）小冠花（Coronilla varia）东非狼尾草（Pennisetum clandestinum）双穗雀稗（Paspalum distichum）芒萁（Dicranopteris linearis）云南松（Pinus yummanensis）刺柏（Juniperus formosana）滇青冈（Cyclobalanopsis glaucoides）高山栲（Castanopsis delavayi）银木荷（Schima superba）红花木莲（Manglietia insignis）旱冬瓜（Alnus nepalensis）滇润楠（Machilns yunnanensis）水青树（Pistacia weinmannifolia）云南樟（Cinnamomum glanduliferum）泡核桃（Juglans sigillata）核桃（Juglans regia）苦刺花（Sophora viciifolia）大翼豆（Macroptilium lathyroides）非洲狗尾草（Setaria sp.）山蚂蝗（Desmodium）金色狗尾草（Setaria glauca）毛叶苕子（Vicia. villosa）光叶紫花苕（Viciavillosa.）双穗雀稗（Paspalum distichum）长蕊木兰（Alcimandra cathcartii）华山松（Pinus armandi）新银合欢（Leucaena leucocephala）苍山冷杉（Abiesdelavayi）云南铁杉（Tsuga dumosa）须弥红豆杉（Taxus wallichiana）
		2-1-2. 东南部湿润石漠化小区	西南桦（Betula alnoides）八宝树（Duabanga grandiflora）枫香（Liquidambar formosana）罗浮栲（Castanopsis fabri）杯状栲（Castanopsis calathiformis）红木荷（Schima wallichii）细叶云南松（Pinus yumanensis var. tenuifolia）马尾松（Pinus massoniana）湿地松（Pinus elliottii）红椿（Toona ciliata）墨西哥柏（Cupressus lusitanica）油茶（Camellia oleifera）香椿（Toona sinensis）泡核桃（Juglans sigillata）核桃（Juglans regia）菲岛桐（Mallotus philippinensis）假桂钓樟（Lindera tonkinensis）刺栲（Castanopsis hystrix）滇南木姜子（Litsea garrettii）构树（Broussonetia papyrifera）类芦（Neyraudia reynaudiana）圆叶乌桕（Sapiumrotundifolium）苦梼木（Fraxinus insularis）短序鹅耳枥（Machilus breviflora）化香（Platycarya strobilacea）盐肤木（Rhus chinensis）麻栎（Quercus acutissima）栓皮栎（Quercus variabilis）棕叶芦（Thysanolaena maxima）蔓生莠竹（Microstegium vagans）茅叶荩草（Arthraxon lanceolatus）长画眉草（Eragrostis zeylanica）芒萁（Dicranopteris linearis）旱冬瓜（Alnus nepalensis）华盖木（Manglietiastrum sinicum）灯台树（Swida controversa）假虎刺（Carissa spinarum）白楸杆（Fraxinus malacophylla）三叶白蜡（Fraxinus foliolata）毛叶柿（Diospyros mollifolia）黄杞（Engelhardtia roxburghiana）毛叶青冈（Cyclobalanopsis）假臭黄皮五加（Acanthopanax evodiae folius var. pseudoevdiaefolius）楝（Melia azedarach）红椎（Castanopsis hystrix）构树（Broussonetia papyrifera）盐肤木（Rhus chinensis）香椿（Toona sinensis）金筲香（Osbeckia chinensis）小槐花（Desmodium caudatum）水红木（Viburnum cylindricum）石岩枫（Mallotus repandus）白花羊蹄甲（Bauhinia variegata）滇黔黄檀（Dalbergia yunnanensis）任豆（Zenia insignis）薄叶鼠李（Rhamnus leptanica）山乌桕（Sapium discolor）尖子木（Oxyspora paniculata）浆果楝（Cipadessa baccifera）芒萁（Dicranopteris linearis）

续表

亚区	小区	参考树草种（不同垂直带）
2. 南亚热带中低山河谷盆地石漠化区　　2-1. 赤红壤亚区	2-1-2. 东南部湿润石漠化小区	ophylla）南方红豆杉（Taxus chinensis var. mairei）大叶木兰（Magnolia henryi）香木莲（Manglietia aromatica）滇桐（Craigia yunnanensis）小梾木（Swida paucinervis）大翼豆（Macroptilium lathyroides）柱花草（Stylosanthe sgracillise）巴西雀稗（Paspalumnotalum）非洲狗尾草（Setaria sp.）无芒虎尾草（Chlorisgayana）山蚂蝗（Desmodium sp.）毛叶苕子（Coronilla varia）小冠花（Coronilla varia）东非狼尾草（Pennisetum clandestinum）茅叶荩草（Arthraxon prionodes）杉木（Cunninghamia lanceolata）马尾松（Pinus massoniana）新银合欢（Leucaena leucocephala）水东（Abnuscremastogyne）美国山核桃（Caraxaillinoensis）泡核桃（Juglans sigillata）核桃（Juglans regia）铁芒萁（Dicranopteris linearis）冲天柏（Cupressus duclouciana）花椒（Zanthoxylum bungeanum）银荆（Acacia dealbara）火棘（Pyracantha fortuneana）灰毛浆果楝（Pistacia chinensis）山合欢（Albiziakal kora）苦楝（Melia azedarach）清香木（Docynia delaxayi）黄连木（Litsea euosma）长蕊木兰（Cipadessa cinerascens）女贞（Ligustrum lucidum）余甘子（Phyllanthusemblica）云南移株（Paspalum distichum）苦刺花（Sophora viciifolia）光叶紫花苕（Viciavillosa）清香姜子（Pistacia txeinmamifolia）长蕊木兰（Alcimandra cathcartii）双穗雀稗
	2-1-3. 文山市半湿润暖热石漠化区	杉木（Cunninghamia lanceolata）细叶云南松（Pinus yunnanensis var. tenuifolia）红木荷（Schima txallichii）白枪杆（Fraxinus malacophylla）墨西哥柏（Cupressus lusitanica）湿地松（Pinus elliottii）三棵苦（Exodia lepta）楝（Melia azedarach）红椎（Castanopsis hystrix）构树（Broussonetia papyifera）盐肤木（Rhus chinensis）香椿（Toona sinensis）尖子木（Oxyspora paniculata）朝天罐（Osbeckia opipara）金锦香（Osbeckia chinensis）水红木（Viburnum cylindricum）滇黔黄檀：（Dalbergia yunnanensis）南酸枣（Choerospondias axillaris）山乌柏（Sapium discolo）新银合欢（Leucaena leucocephala）清香木（Pistacia txeinmamifolia）车桑子（Dodonaea viscosa）栲状栲（Castanopsis calathiformis）铁橡栎（Heteropogon contortus）多花蔷薇（Rosa multiflora）香水月季（Rosa odorata）云南土沉香（Excoecaria acerifolia）扭黄茅（Heteropogon contortus）黄青茅（Themeda triandra）构树（Broussonetia papyifera）木豆（Cajanus cajan）锥连栎（Quercus franchetii）扭黄茅（Heteropogon contortus）双穗雀稗（Paspalum distichum）苦刺花（Sophora viciifolia）光叶紫花苕（Viciavillosa）菁青冈（Cyclobalanopsis glaucoides）高山栲（Castanopsis delaxayi）云南松（Pinus yunnanensis）银木荷（Schima superba）云南樟（Cinnamomum glanduliferum）桂皮栎（Alnus nepalensis）滇杨（Populus variabilis）青刺头（Prinsepia utilis）苦刺花（Sophora viciifolia）旱冬瓜（Neyraudia reynaudiana）高羊茅（Festuca arundinacea）泡核桃（Juglans sigillata）核桃（Juglans regia）三七（Radix notoginseng）类芦（Neyraudia reynaudiana）紫花苜蓿（Medicago satira）白三叶（Trifolium repens）鸭茅（Dactylis glomerata）双穗雀稗（Paspalum distichum）多年生黑麦草（Lolium perenne）一年生黑麦草（Lolium multiflorum）首乌（Polygonum multiflorum）黄草乌（Aconitumvilmorinianum）
	2-1-4. 滇东南半干旱暖热石漠化区	细基丸（Polyalthia cerasoides）滇橄仁（Terminalia franchetii）印楝（Azadirachta Indica）车桑子（Dodonaea viscosa）疏序牡荆（Vitex negundo var. laciipaniculata）仙人鞭（Nyctocereus nectocereus）仙人掌（Opuntia stricta）红花柴（Indigofera pulchella）狄叶山黄麻（Trema angustifolia）毛叶柿（Diospyros mollifolia）；羽叶白头树（Garuga pinnata）木棉（Bombax malabaricum）家麻（Sterculia pexa）顶果木（Acrocarpus fraxinifolius）干张纸（Oroxylum indicum）清香木（Pistacia txeinmamifolia）多花蔷薇（Rosa multiflora）香水月季（Rosa odorata）竹叶茅（Oplismenus compositus）灰毛浆果楝（Cipadessa cinerascens）石山羊蹄甲（Bauhinia sazatilia）朴叶扁担杆（Grewia celtidifolia）火索麻（Helicteres isora）地皮消（Pararuellia delauayana）蒙自合欢（Albizia bracteata）孔颖草（Bothriochloa pertusa）苦香草（Cymbopogon distans）虾子花（Woodfordia fruticosa）茅叶荩草（Arthraxon priomodes）大叶千斤拔（Moghania macrophylla）海芋（Alocasia macrorrhiza）香茅（Cymbopogon citratus）细叶云南松（Pinus yunnanensis var. tenuifolia）云南松（Pinus yunnanensis）白枪杆（Fraxinus malacophylla）红木荷（Schima txallichii）墨西哥柏（Cupressus lusitanica）湿地松（Pinus elliottii）马尾松（Pinus massoniana）葡萄（Vitis vinife-…

续表

	亚区	小区	参考树附草种（不同垂直带）
2. 南亚热带中低山河谷盆地石漠化区	2-1. 赤红壤亚区	2-1-4. 滇东南半干旱暖热石漠化区	ra）柑橘（Citrus reticulata）橙子（Citrus sinensis）石榴（Punica granatum）杨梅（Myrica rubra）新银合欢（Leucaena leucocephala）铁橡栎（Heteropogon contortus）构树（Broussonetia papyrifera）变叶翅子树（Pterospermum proteum）清香木（Pistacia weinmanni folia）流花红椿（Toona ciliata var. sublaxiflora）美国山核桃（Caraya illinoensis）锥连栎（Quercus franchetii）苦刺花（Sophora vicii folia）车桑子（Dodonaea viscosa）木豆（Cajanus cajan）云南土沉香（Excoecaria aceri folia）石山羊蹄甲（Bauhinia comosa）蛇藤（Celastrus hookeri）地皮消（Pararuellia delauayana）蒙自合欢（Albizia bractea pertusa）石芒草（Brachiaria decumbens）租黄茅（Heteropogon contortus）黄背草（Themedatriandra）孔颖草（Bothriochloa tenuifolia）云云南松（Pinus yunnanensis）石芒草（Arundinella nepalensis）芸香草（Cymbopogon distans）滇青冈（Cyclobalanopsis glaucoides）高山栲（Castanopsis delavayi）硬秆子草（Capillipedium assimile）：；：银木荷（Schima superba）云南樟（Cinnamomum glanduli ferum）滇杨（Populus yunnanensis）苜乌（Polygonum multiflorum）黄草乌（Aconitum vilmorinianum）青刺尖（Prinsepia utilis）盐肤木（Rhus chinensis）黄连木（Pistacia chinensis）泡核桃（核桃长方叶山茱萸（Sswida oblonga）
	3-1. 黄壤亚区	3-1-1. 盐津大关罗平湿润石漠化小区	墨西哥柏（Cupressus lusitanica）湿地松（Pinus elliottii）马尾松（Pinus massoniana）杉木（Cunninghamia lanceolata）红木荷（Schima wallichii）刺栲（Castanopsis hystrix）罗浮栲（Castanopsis fabri）枫香（Liquidamba formosana）木姜子（Litsea sp.）重阳木（Bischofia polycarpa）西南桦（Betula alnoides）南酸枣（Choerospondias axillaris）菲律宾桐（Mallotus philippinensis）荷包山桂花（Polygala arillata）檫木（Sassa fras tzumu）香桂（Cinnamomum subavenium）华山松（Pinus armandi）柳杉（Cryptomeria fortunei）川杨（Populus szechuanica）滇杨（Populus yunnanensis）杉木（Cunninghamia lanceolata）包石栎（Lithocarpus cleistocarpus）圆质木荷（Schi macrenata）三脉水丝梨（Sycopsis triplinervia）短柱柃（Eurya brevistyla）云南松（Phellodendron chinense）邛竹（Fagus engleriana）米心水青冈（Qionghuea tumidinoda）苹果（Malus pumila）冲天柏（Cupressus duclouciana）云黄柏（Pinus yunnanensis）旱冬瓜（Alnus nepalensis）筇竹（Qionghuea tumidinoda）藏柏（Cupressus torulosa）峨眉栲（Castanopsis platychatha）山核桃（Carya cathayensis）香榧（Torreya grandis）滇青冈（Cyclobalanopsis glaucoides）球花石楠（Photinia glomerata）西南榈子（Cotoneaster franchetii）花椒（Zanthoxylum bungeanum）麻栎（Quercus acutissima）杜仲（Eucommia ulmoides）核桃（Juglans sigillata）板栗（Juglans regia）桤木（Castanea mollissima）银杏（Ginkgo biloba）毛竹（Phyllostachys heterocyla）苦竹（Pleioblastus amarus）绵竹（Bambusa intermedia）水竹（Cyperus alterni folius）水麻柳（Debregeasia orientalis）马桑（Coriaria nepalensis）藏柏（Cupressus torulosa）侧柏（Platycladus orientalis）刺槐（Robinia pseudoacacia）女贞（Ligustrum lucidum）银荆树（Acacia dealbara）类芦（Neyraudia reynaudiana）清香木（Pistacia weinmanni folia）漆树（Toxicodendron vernici fluum）柑桔（Citrus reticulata）橙子（Citrus sinensis）梨（Pyrus pyrifolia）桃（Pyrus persica）杨梅（Myrica rubra）枇杷（Eriobotrya japonica）石榴（Punica granatum）乌桕（Sapium sebi ferum）油桐（Vernicia fordi）华西小石榴（Osteomeles schwerinae）苦刺花（Sophora vicii folia）；柑桔（Citrus reticulata）橙子（Citrus sinensis）红椿（Toona ciliata）云南松（Pinus yunnanensis）旱冬瓜（Alnus nepalensis）小叶青冈（Cyclobalanopsis myrsinaefolia）曼青冈（Cyclobalanopsis oxyodon）麻栎（Quercus acutissima）栓皮栎（Quercus variabilis）白桦（Betula platyphylla）滇青冈（Cyclobalanopsis glaucoides）藏柏（Cupressus torulosa）冲天柏（Cupressus duclouciana）灰背栎（Quercus senescens）盐肤木（Rhus chinensis）黄连木（Pistacia chinensis）泡核桃（Juglans sigillata）核桃（Juglans regia）板栗（Castanea mollissima）火棘（Pyracantha fortuneana）刺柏（Juniperus formosana）银荆（Acacia dealbara）铁橡栎（Heteropogon contortus）矮高山栎（Quercus aquifolioides）川杨（Populus szechuanica）滇杨（Populus yunnanensis）白辛树（Pterostyrax psilophyllus）竹叶楠（Phoebe faberi）巴东栎（Quercus engleriana）小红木（Viburum crassifolium）小株木（Ssvida controversa）漆树（Toxicodendron ve-

续表

亚区	小区	参考树草种（不同垂直带）
	3-1-1. 盐津大关罗平湿润石漠化小区	micifluum）猕猴桃（Actinidia chinensis）马桑（Coriaria nepalensis）须弥红豆杉（Taxus wallichiana）臭荚蒾（Viburnum foetidum）； 高山松（Pinus densata）丽江云杉（Picea likiangensis）日本落叶松（Larix kaempferi）华北落叶松（Larix principis-rupprechtii）川西云杉（Picea likiangensis var. balfouriana）大果红杉（Larix potaninii var. macrocarpa）川滇高山栎（Quercus aquifolioides）长穗高山栎（Quercus longispica）黄背栎（Quercus pannosa）花楸（Sorbus pohuashanensis）侧柏（Platycladus orientalis）川滇高山栎（Quercus aquifolioides）鸭茅（Dactylis glomerata）白三叶（Trifolium repens）红三叶（Trifolium pratense）高羊茅（Carex finitima）高羊茅（Kobresia fragilis）画眉草（Eragrostis pilosa）多年生黑麦草（Medicago sativa）亮绿苔草（Avena sativa）、一年生黑麦草（Lolium perenne）画眉草（Lolium multiflorum）苔草（Carex sp.）
3-1. 黄壤亚区	3-1-2. 彝良永善半干旱石漠化小区	杉木（Cunninghamia lanceolata）泡核桃（Juglans sigillata）核桃（Juglans regia）毛竹（Phyllostachys heterocycla）苦竹（Pleioblastus amarus）绵竹（Bambusa intermedia）水竹（Cyperus alternifolius）水麻柳（Debregeasia orientalis）马桑（Coriaria nepalensis）滇杨（Populus yunmanensis）藏柏（Cupressus torulosa）侧柏（Platycladus orientalis）刺槐（Robinia pseudoacacia）女贞（Ligustrum lucidum）银荆树（Acacia dealbara）类芦（Neyraudia reynaudiana）清香木（Pistacia weinmannifolia）漆树（Toxicodendron vernicifluum）柑桔（Citrus reticulata）梨（Pyrus pyrifolia）桃（Prunus persica）杨梅（Myrica rubra）枇杷（Eriobotrya japonica）石榴（Punica granatum）乌桕（Sapium sebiferum）油桐（Vernicia fordii）花椒（Zanthoxylum bungeanum） 峨眉栲（Castanopsis platyacantha）包石栎（Lithocarpus cleistocarpus）圆叶木荷（Schi macrenata）米心水青冈（Fagus engleriana）三脉水丝（Sycopsis triplinervia）短柱柃（Eurya brevistyla）黄柏（Phellodendron chinense）华山松（Pinus armandi）邛竹（Qiongzhurea tumidinoda）苹果（Malus pumila）鸭茅（Dactylis glomerata）白三叶（Trifolium repens）红三叶（Trifolium pratense）紫花苜蓿（Medicago sativa）亮绿苔草（Carex finitima）高羊茅（Kobresia fragilis）画眉草（Eragrostis pilosa）多年生黑麦草（Lolium perenne）一年生黑麦草（Lolium multiflorum） 高山松（Pinus densata）丽江云杉（Picea. likiangensis var. balfouriana）大果红杉（Larix potaninii var. macrocarpa）川滇高山栎（Quercus aquifolioides）须弥红豆杉（Taxus wallichiana）亮绿苔草（Carex finitima）高羊茅（Kobresia fragilis）画眉草（Eragrostis pilosa）苔草（Carex sp.）
3-2. 红壤亚区	3-2-1. 滇中高原半湿润石漠化小区	云南松（Pinus yunmanensis）冲天柏（Cupressus duclouxiana）墨西哥柏（Cupressus lusitanica）华山松（Pinus armandi）翠柏（Calocedrus macrolepis）早冬瓜（Alnus nepalensis）云南油杉（Keteleeria evelyniana）滇青冈（Cyclobalanopsis glaucoides）高山栲（Castanopsis delavayi）元江栲（Castanopsis orthacantha）云南青冈（Cyclobalanopsis delavayi）银木荷（Schima superba）滇石栎（Lithocarpus dealbatus）云南樟（Cinnamomum glanduliferum）滇橄榄（Cupressus torulosa）盐肤木（Rhus chinensis）黄连木（Pistacia chinensis）清香木（Pistacia weinmannifolia）滇杨（Populus yunmanensis）椎连栎（Quercus franchetii）盐肤木（Rhus chinensis）板栗（Castanea mollissima）刺柏（Juniperus formosana）银荆（Acacia dealbara）泡核桃（Juglans sigillata）核桃（Juglans regia）云南木樨榄（Olea yuennanensis）头状四照花（Saida capitata）麻栎（Quercus acutissima）铁橡栎（Heteropogon contortus）盐肤木（Rhus chinensis）早冬瓜（Alnus nepalensis）黄毛青冈（Cyclobalanopsis delavayi）厚皮香（Ternstroemia gymnanthera）桂皮树（Cornus capitata）麻栎（Quercus acutissima）桂花栎（Quercus variabilis）柑桔（Citrus reticulata）头状四照花（Cornus capitata）柑桔（Citrus reticulata）橙子（Citrus si-

亚区	小区	参考树草种（不同垂直带）
3-2. 红壤亚区	3-2-1. 滇中高原半湿润石漠化小区	nensis）梨（Pyrus pyrifolia）桃（Prunus persica）杨梅（Myrica rubra）樱桃（Cerasus pseudocerasus）柿子（Diospyros kaki）滇合欢（Albizia simeonis）光叶石栎（Lithocarpus mairei）长梗润楠（Machilus longipedicellata）云南山楂（Crataegus scabrifolia）冬樱花（Cerasus serasoides）紫金标（Ceratostig maxillmottianum）华西小石积（Osteomeles schwerinae）车桑子（Dodonaea viscosa）苦刺花（Sophora vicii folia）火棘（Pyracantha fortuneana）小马鞍叶羊蹄甲（Bauhinia faberi var. microphylla）华西小石积（Osteomeles schwerinae）黄葛树（Ficus virens var. sublanceolata）三叶漆（Terminthia paniculata）长方叶山茱萸（Swida oblonga）云南含笑（Michelia yunnanensis）梁王茶（Nothopanax delavayi）滇润楠（Machilus yunnanensis）球花石楠（Photinia glomerata）青果栎（Quercus franchetii）锥连栎（Emmenopterys henryi）牛筋木（Dichotomanthus tristaniaecarpa）水红木（Viburnum cylindricum）小铁子（Rhamnus dahurica）盐肤木（Rhus chinensis）黄连木（Pistacia chinensis）铁橡栎（Heteropogon contortus）小叶栒子（Cotoneaster microphyllus）金花小檗（Berberis wisoniae）头状四照花（Cornus capitata）；苜蓿（Medicago sativa）高羊茅（Festuca arundinacea）一年生黑麦草（Lolium multi florum）臭荚蒾（Viburnum foetidum）白三叶（Trifolium repens）红三叶（Trifolium pratense）紫羊茅竹叶椒（Zanthoxylum armatum）多花杭子梢（Campylotropis polyantha）川梨（Pyrus pashia）三棱杭子梢（Campylotropis trigonoclada）拟金茅（Eulaliopsis binata）云南裂浮草（Eremopogon delavayi）黄背草（Themeda triandra）剌芒野古草（Arundinella setosa）怒江山茶（Camellia saluenensis）狗牙根（Cynodon dactylon）Quercuslongi spica 高山松（Pinus densata）日本落叶松（Larixaempferi）华北落叶松（Larix principis-rupprechtii）长穗高山栎（Quercus senescens）大果红杉（Larix potaninii var. macrocarpa）云南铁杉（Tsuga dumosa）亮叶桦（Betula lumini fera）马缨花（Rhododendron spiciferum）美丽马醉木（Pieris formosa）小叶栒子（Cotoneaster microphyllus）金花小檗（Berberis wisoniae）滇中画眉草（Eragrostis pilosa）剌芒野古草（Arundinella setosa）水冬瓜（Alnuscremastogyne）高原早熟禾（Poa alpigena）穗序野古草（Arundinella hookeri）剌状石栎（Lithocarpus craibianus）白穗石栎（Lithocarpus leucostachyus）灰背栎（Quercus senescens）露珠杜鹃（Rhododendron irroratum）碎米杜鹃（Rhododendron spicatum）黄杉（Pseudotsuga sinensis）急尖长苞冷杉（Abiesgeorgei var. smithii）丽江铁（Acer forrestii）西南花楸（Sorbu srehderiana）灰叶花楸（Sorbus pamnosa）川西铁（Quercus gilliana）剌叶石栎（Ilex macrocarpa）大果冬青（Ilex macrocarpa）高山柏（Sabina squamata）黄背栎（Quercus pannosa）
	3-2-2. 鹤庆半干旱石漠化小区	湿地松（Pinus elliottii）红椿（Toona ciliata）毛叶青冈（Cyclobalanopsis kerrii）灰毛浆果楝（Cipadesa cinerascens）木棉（Bombax malabaricum）蛇藤（Celastrus hookeri）苦刺花（Sophora vicii folia）车桑子（Dodonaea viscosa）木豆（Cajanus cajan）石山羊蹄甲（Bauhinia comosa）小马鞍叶羊蹄甲（Bauhinia faberi var. microphylla 华西小石积（Osteomeles schwerinae）蒙自合欢（Albizia bracteata）膏形草（Brachiaria decumbens）扭黄茅（Heteropogon contortus）黄香草（Themedatriandra）孔颖草（Bothriochloa pertusa）石芒草（Arundinella nepalensis）芸香草（Cymbopogon distans）硬秆子草（Capillipedium assimile）云南松（Pinus yunnanensis）华山松（Pinus armandi）旱冬瓜（Alnus nepalensis）滇青冈（Cyclobalanopsis glaucoides）高山栲（Castanopsis delavayi）元江栲（Castanopsis orthacantha）银木荷（Schima superba）滇石栎（Lithocarpus dealbatus）冲天柏（Cupressus duclouxiana）瓣柏（Cupressus torulosa）侧柏（Platycladus orientalis）滇杨（Populus yumanensis）梨（Pyrus pyrifolia）青刺尖（Prinsepia utilis）锥连栎（Quercus francheti）盐肤木（Rhus chinensis）黄连木（Pistacia chinensis）青香木（Pistacia weinmanni folia）泡核桃（Juglans sigillata）香椿（Toona sinensis）核桃（Juglans regia）华西小石积（Osteomeles schwerinae）苦刺花（Sophora vicii folia）火棘（Pyracantha fortuneana）刺柏（Juniperus formosana）

亚区	小区	参考树草种（不同垂直带）
3-2. 红壤亚区	3-2-2. 鹤庆半干旱石漠化小区	银荆（Acacia dealbara）铁橡栎（Heteropogon contortus）云南木樨榄（Olea yuennanensis）麻栎（Quercus acutissima）栓皮栎（Quercus variabilis）盐肤木（Rhus chinensis）樱梅（Myrica rubra）樱桃（Cerasus pseudocerasus）柿子（Diospyros kaki）旱冬瓜（Alnus nepalensis）麻栎（Quercus acutissima）桃（Prunus persica）香果树（Emmenopterys henryi）光叶石栎（Lithocarpus mairei）云南油杉（Keteleeria evelyniana）云南山楂（Crataegus scabrifolia）牛筋木（Dichotomanthus tristaniaecarpa）水红木（Viburnum cylindricum）臭荚蒾（Viburnum foe-tidum）竹叶椒（Zanthoxylum armatum）拟金茅（Eulaliopsis binata）云南裂浮草（Eremopogon delavayi）黄背草（Themeda triandra）长力叶山茱黄（Cornus oblonga）剌芒野古草（Arundinella setosa）小檗子（Rhamnus dahurica）黄毛青冈（Cyclobalanopsis delavazyi）厚皮香（Ternstroemia gymnanthera）小叶栒子（Cotoneaster microphyllus）金花小檗（Berberis wisoniae）剌芒野古草（Arundinella setosa）狗牙根（Cynodon dactylon）球花石楠（Photinia glomerata）云南铁杉（Tsuga dumosa）亮叶桦（Betula luminifera）藏刺蒾（Corylus ferox var. thibetica）川西栎（Quercus gilliana）窄叶石栎（Lithocarpus confinis）露珠杜鹃（Rhododendron irroratum）窄叶青冈（Cyclobalanopsis augustini）美丽马醉木（Pieris fornosa）大果云青（Ilex macrocarpa）黄杉（Pseudotsuga sinensis）滇中画眉草（Eragrostis pilosa）灰背栎（Quercus senescens）长穗高山栎（Quercuslomgispica）水冬瓜（Alnuscremastogyne）高原早熟禾（Poa alpigena）穗序野古草（Arundinella hookeri）吴萸黄玉加（Acanthopanax evodiaefolius）高山柏（Sabina squamata）黄青栎（Quercus pannosa）日本落叶松（Larix kaempferi）川西云杉（Picea likiangensis var. balfouriana）华北落叶松（Larix principis－rupprechtii）急尖长苞冷杉（Abiesgeorgei var. smithii）
4. 北亚热带高中山石漠化区 4-1. 黄壤亚区	4-1-1. 师宗湿润石漠化小区	柳杉（Cryptomeria fortunei）杉木（Cunninghamia lanceolata）冲天柏（Cupressus duclouxiana）滇杨（Populus yunnanensis）冲天柏（Cupressus duclouxiana）华山松（Pinus armandi）云南松（Pinus yuenmanensis）旱冬瓜（Alnus nepalensis）藏柏（Cupressus torulosa）元江栲（Castanopsis orthacantha）滇青冈（Cyclobalanopsis glaucoides）球花石楠（Photinia glomerata）银木荷（Schima superba）元江栲（Castanopsis delavazyi）高山栲（Castanopsis delavazyi）白穗石栎（Lithocarpus leucostachyus）云南樟（Cinnamomum glanduliferum）冲天柏（Cupressus duclouxiana）黄毛青冈（Cyclobalanopsis delavazyi）滇杨（Populus yunnanensis）青刺尖（Prinsepia utilis）苦刺花（Sophora viciifolia）椎连栎（Quercus franchetii）盐肤木（Rhus chinensis）黄连木（Pistacia chinensis）小叶栒子（Cotoneaster microphyllus）金花小檗（Berberis wisoniae）铁橡栎（Heteropogon contortus）小铁子（Rhamnus dahurica）麻栎（Quercus acutissima）栓皮栎（Quercus variabilis）杜仲（Eucommia ulmoides）头状四照花（Cornus capitata）核桃（Juglans regia）银杏（Ginkgo biloba）泡核桃（Juglans sigillata）核桃（Juglans regia）板栗（Castanea mollissima）
4-2. 红壤亚区	4-2-1. 宣威富源马龙半湿润石漠化小区	云南松（Pinus yunnanensis）旱冬瓜（Alnus nepalensis）藏柏（Cupressus torulosa）元江栲（Castanopsis orthacantha）滇青冈（Cyclobalanopsis glaucoides）球花石楠（Photinia glomerata）滇青冈（Cyclobalanopsis glaucoides）高山栲（Castanopsis orthacantha）银木荷（Schima superba）元江栲（Castanopsis orthacantha）黄毛青冈（Cyclobalanopsis delavazyi）柳杉（Cryptomeria fortunei）杉木（Cunninghamia lanceolata）冲天柏（Cupressus duclouxiana）华山松（Pinus armandi）冲天柏（Cupressus duclouxiana）滇杨（Populus yunnanensis）苦刺花（Sophora viciifolia）铁橡栎（Heteropogon contortus）椎连栎（Quercus franchetii）盐肤木（Rhus chinensis）黄连木（Pistacia chinensis）小叶栒子（Cotoneaster microphyllus）小铁子（Rhamnus dahurica）麻栎（Quercus acutissima）栓皮栎（Quercus variabilis）金花小檗（Berberis wisoniae）铁橡栎（Heteropogon contortus）头状四照花（Cornus capitata）小叶栒子（Cotoneaster microphyllus）栓皮栎（Quercus variabilis）金花小檗（Berberis wisoniae）头状四照花（Cornus capitata）核桃（Juglans regia）泡核桃（Juglans sigillata）板栗（Castanea mollissima）

续表

区	亚区	小区	参考树草种(不同垂直带)
4. 北亚热带高中山石漠化区	4-2. 红壤亚区	4-2-2. 玉龙宁滇半干旱石漠化小区	华山松(Pinus armandi)云南松(Pinus yunmanensis)滇杨(Populus yunmanensis)旱冬瓜(Alnus nepalensis)藏柏(Cupressus torulosa)元江栲(Castanopsis orthacantha)滇青冈(Cyclobalanopsis glaucoides)球花石楠(Photinia glomerata)滇青冈(Cyclobalanopsis glaucoides)高山栲(Castanopsis delavayi)银木荷(Schima superba)元江栲(Castanopsis orthacantha)黄毛青冈(Cyclobalanopsis delavayi)冲天柏(Cupressus duclouxiana)苦刺花(Sophora vicii folia)盐肤木(Rhus chinensis)黄连木(Pistacia chinensis)旱冬瓜(Alnus nepalensis)小铁子(Rhamnus dahurica)小叶枸子(Cotoneaster microphyllus)金花小檗(Berberis wisoniae)麻栎(Quercus acutissima)栓皮栎(Quercus variabilis)侧柏(Platycladus orientalis)青刺尖(Prinsepia utilis)油橄榄(Olea europaea)泡核桃(Juglans sigillata)核桃(Juglans regia)板栗(Castanea mollissima)丽江云杉(Picea likiangensis)苍山冷杉(Abies delavayi)
5. 暖温带高中山石漠化区	5-1. 黄壤亚区	5-1-1. 威信镇雄湿润石漠化小区	马尾松(Pinus massoniana)云南松(Pinus yunmanensis)杉木(Cunninghamia lanceolata)泡核桃(Juglans sigillata)核桃(Juglans regia)花椒(Zanthoxylum bungeanum)漆树(Toxicodendron vernicifluum)滇杨(Populus yunmanensis)少花桂(Cinnamomum pauciflorum)香椿(Toona sinensis)杜仲(Eucommia ulmoides)苦丁茶(Ilex latifolia)川灰木(Symplocos setchunensis)刺榛(Corylus ferox)西南金丝桃(Hypericum henryi)柔毛绣球(Hydrangea villosa)绢毛山梅花(Philadelphus sericanthus)峨眉蔷薇(Rosa omeiensis)盐肤木(Rhus chinensis)映山红(Rhododendron simsi)异叶梁王茶(Nothopanax davidii)鹅掌柴(Schefflera delavayi)莫爽速(Viburnum foetidum)毛竹(Phyllostachys heterocycla)水竹(Phyllostachys heteroclad)毛竹(Phyllostachys heterocycla)邛竹(Qiongzhurea tumidinoda)金佛山方竹(Chimonobambusa utilis)水麻柳(Debregeasia orientalis)马桑(Coriaria nepalensis)滇杨(Populus yunmanensis)柑桔(Citrus reticulata)橙子(Citrus sinensis)柳杉(Cryptomeria fortunei)杉木(Cunninghamia lanceolata)灯台树(Sassafras tzumu)木姜子(Licea sp.)、元宝枫(Acer truncatum)紫穗槐(Amorpha fruticose)速生杨(Populus sp.)桑树(Molus alba)板栗(Castanea mollissima)梨(Pyrus pyrifolia)花椒(Zanthoxylum bungeanum)刺槐(Robinia pseudoacacia)
	5-2. 红壤亚区	5-2-1 会泽半湿润石漠化小区	滇榄仁(Terminalia franchetii)新银合欢(Leucaena leucocephala)印楝(Azadirachta Indica)矮黄栌(Cotinus nana)车桑子(Dodonaea viscosa)木棉(Bombax malabaricum)清香木(Pistacia weinmannifolia)竹叶草(Oplismenus compositus)疏序黄荆(Vitex negundo var. laxipanniculata)厚皮树(Lannea coromandelica)石山羊蹄甲(Bauhinia comosa)毛叶柿(Diospyros mollifolia)毛叶黄杞(Engelhardtia colobrookiana)小叶杜荆(Vitexngundo var. microphylla)小马蹄羊蹄甲(Bauhinia faberi var. Microphylla)苦刺花(Sophora vicii folia)山毛豆(Tephrosia candida)华山松(Pinus armandi)云南松(Pinus yunmanensis)花椒(Zanthoxylum bungeanum)黄杉(Pseudotsuga sinensis)滇杨(Populus yunmanensis)旱冬瓜(Alnus nepalensis)藏柏(Cupressus torulosa)滇青冈(Cyclobalanopsis glaucoides)高山栲(Castanopsis delavayi)苦刺花(Sophora vicii folia)银木荷(Schima superba)黄连木(Pistacia chinensis)冲天柏(Cupressus duclouxiana)旱冬瓜(Alnus nepalensis)小铁子(Rhamnus dahurica)小叶枸子(Cotoneaster microphyllus)金花小檗(Berberis wisoniae)麻栎(Quercus acutissima)栓皮栎(Quercus variabilis)泡核桃(Juglans sigillata)核桃(Juglans regia)板栗(Castanea mollissima)丽江云杉(Picea likiangensis)苍山冷杉(Abies delavayi);
		5-2-2. 维西半湿润石漠化小区	云南松(本地品种)(Pinus yunmanensis)澜沧江黄杉(Pseudotsuga forrestii)旱冬瓜(Alnus nepalensis)藏柏(Cupressus torulosa)滇青冈(Cyclobalanopsis glaucoides)球花石楠(Photinia glomerata)高山栲(Castanopsis delavayi)黄毛青杨(Cyclobalanopsis delavayi)冲天柏(Cupressus duclouxiana)川杨(Populus szechuanica)德钦杨(Populus haoana)滇杨

续表

亚区	小区	参考树草种（不同垂直带）
5. 暖温带高中山石漠化区 5-2. 红壤亚区	5-2-2. 维西半湿润石漠化小区	（Populus yumanensis）华山松（Pinus armandi）苦刺花（Sophora viciifolia）椎连栎（Quercus franchetii）盐肤木（Rhus chinensis）黄连木（Pistacia chinensis）旱冬瓜（Alnus nepalensis）铁橡栎（Heteropogon contortus）小铁子（Rhamnus dahurica）小叶梅（Cotoneaster microphyllus）金花小檗（Berberis veisoniae）长方叶山莱黄（Swida oblonga）麻栎（Quercus acutissima）栓皮栎（Quercus variabilis）桤皮栎（Quercus acutissima）丽江云杉（Picea likiangensis）苍山冷杉（Abies delavayi）日本落叶松（Larix kaempferi）川西云杉（Picea likiangensis var. balfouriana）华北落叶松（Larix principis-rupprehtii）
	5-2-3. 昭阳鲁甸半干旱石漠化小区	华山松（Pinus armandi）云南松（Pinus yumanensis）旱冬瓜（Alnus nepalensis）藏柏（Cupressus torulosa）滇青冈（Cyclobalanopsis glaucoides）球花石楠（Photinia glomerata）滇青冈（Cyclobalanopsis glaucoides）高山栲（Castanopsis delavayi）银木荷（Schima superba）元江栲（Castanopsis orthacantha）黄毛青冈（Cyclobalanopsis delavayi）柳杉（Cryptomeria fortunei）杉木（Cunninghamia lanceolata）滇杨（Populus yumanensis）冲天柏（Cupressus duclouxiana）苦刺花（Sophora franchetii）椎连栎（Quercus franchetii）核桃（Juglans regia）花椒（Zanthoxylum bungeanum）盐肤木（Rhus chinensis）苹果（Malus pumila）泡核桃（Juglans sigillata）铁橡栎（Alnus nepalensis）金花小檗（Berberis veisoniae）黄连木（Pistacia chinensis）旱冬瓜（Cotoneaster microphyllus）小叶梅子（Rhamnus dahurica）小檗（Quercus acutissima）头状四照花（Cornus capitata）小铁子（Quercus acutissima）麻栎（Quercus variabilis）栓皮栎（Larix principis-rupprehtii）西云杉（Picea likiangensis var. balfouriana）华北落叶松
6. 青藏高原东南缘高原温带石漠化区 6-1. 棕壤亚区	6-1-1. 香格里拉德钦半干旱石漠化小区	滇榄仁（Terminalia franchetii）新银合欢（Leucaena leucocephala）矮黄栌（Cotinus nana）滇虎榛（Ostryopsis nobilis）车桑子（Dodonaea viscosa）清香木（Pistacia weinmannifolia）竹叶草（Oplismenus compositus）疏序黄荆（Vitex negundo var. laxipaniculata）木棉（Bombax malabaricum）厚皮树（Lannea coromandelica）石山羊蹄甲（Bauhinia comosa）滇榛（Zizyphus mauritiana）虾子花（Woodfordia fruticosa）毛叶柿（Diospyros mollifolia）毛叶黄杞（Engelhardtia colobrookiana）三叶甘菊（Fraxinustri foliolata）云南豆腐柴（Premna yumanensis）小叶牡荆（Vitexngundo var. microphylla）小马鞍叶羊蹄甲（Bauhinia faberi var. microphylla）苦刺树（Sophora viciifolia）铁橡栎（Heteropogon contortus）头叶木犀榄（Sophora viciifolia）苦刺树（Rhamnus dahurica）贯叶马兜铃（山草果）（Aristolochia cuspidata）小叶探春（Jasminumhumile var. microphyllum）果棚（Ceratostigma minus）披叶草冗香（Excoecaria acerifolia var. delavayi）虎跳洞水晶樱（Wendlandia subalpina）果棚（Ceratostigma minus）管花木樨（Olea. Yunmanensis var. xeromorpha）小叶野丁香（Sytinga microphyla）革叶尧花（Berberis amoena）截叶蓼（Wikstroemia delavayi）绣线菊（Spiraea sp.）蔗茅（Erianthus rufipilus）蜈蚣蕨（Pteris vittata）美丽小檗（Berberis amoena）截叶蓼（Polygonum thunbergii）华西小石积（Osteomeles schwerinae）滇杨（Populus yumanensis）川杨（Populus haoana）云南松（Pinus yumanensis）华山松（Pinus armandi）旱冬瓜（（Alnus nepalensis）冲天柏（Cupressus duclouxiana）泡核桃（Juglans sigillata）核桃（Juglans regia）花椒（Zanthoxylum bungeanum）漆树（Toxicodendron vernicifluum）银木荷（Schima superba）火棘（Pyracantha fortuneana）鸭茅（Dactylis glomerata）白三叶（Trifolium repens）红三叶（Trifolium pratense）紫花苜蓿（Medicago sativa）苔草（Carex sp.）高羊生黑麦草（Lolium multiflorum）画眉草（Eragrostis pilosa）多年生黑麦草（Lolium perenne）燕麦（Avena sativa）一年生黑麦草（Lolium multiflorum）苔草（Kobresia sp.）川杨（Populus yumanensis）旱冬瓜（Alnus nepalensis）核桃（Juglans regia）花椒（Zanthoxylum bungeanum）云南松（Pinus yunanensis）当地细叶品种（Pinus yunanensis）银木荷（Schima superba）冲天柏（Cupressus duclouxiana）泡核桃（Juglans sigillata）漆树（Toxicodendron vernicifluum）苦刺花（Ceratostigma minus schwerinae）华西小石积（Osteomeles schwerinae）华山松（Pinus armandi）

续表

区	亚区	小区	参考树草种（不同垂直带）
6. 青藏高原东南缘高原温带石漠化区	6-1. 棕壤亚区	6-1-1. 香格里拉德钦半干旱石漠化小区	红桦（Betula albo-sinensis）白桦 Betula platyphylla 丽江云杉（Picea likiangensis）川西云杉（Picea likiangensis var. balfouriana）大果红杉（Larix potaninii var. macrocarpa）川滇高山栎（Quercus aquifolioides）苍山冷杉（Abies delavayi）高山松（Pinus densata）长穗高山栎（Quercus longispica）黄背栎（Quercus pannosa）中甸山楂（Crataegus chungtienensis）花楸（Sorbus pohuashanensis）副萼柳（Salix calyculata）侧柏（Pinus densata）高山栎（Quercus aquifolioides）鹅掌茅（Dactylis glomerata）紫花苜蓿（Medicago sativa）苔草（Carex sp.）高草（Kobresia sp.）画眉草（Eragrostis pilosa）多年生黑麦草（Lolium perenne）一年生黑麦草（Lolium multiflorum）燕麦（Avena sativa）
7. 金沙江燥热河谷石漠化区	7-1. 燥红土亚区	7-1-1. 华坪巧家半干旱石漠化小区	红椿（Toona ciliata）灰毛浆果楝（Cipadessa cinerascens）木棉（Bombax malabaricum）龙眼（Dimocarpus longgana）新银合欢（Leucaena leucocephala）桑树（Morus alba）小粒咖啡（Coffea arabica）马桑（Coriaria nepalesis）车桑子（Dodonaea viscosa）膏桐（Jatropha curcass）苦刺花（Sophora viciifolia）鸭茅（Dactylis glomerata）白三叶（Trifolium repens）多年生黑麦草（Lolium perenne）象草（Pennisetum purpureum）一年生黑麦草（Lolium multiflorum）；油橄榄（Olea europaea）芒果（Mangifera indica）梨树（Pyrus pyrifolia）葡萄（Vitis vinifera）冲天柏（Cupressus duclouxiana）华山松（Pinus armandi）云南松（Pinus yunmanensis）旱冬瓜（Alnus nepalensis）花椒（Zanthoxylum bungeanum）青刺尖（Prinsepia utilis）旱蒿柳（Salix heteromera）垂柳（Salix babylonica）云南柳（Salix cavaleriei）矮高山栎（Quercus aquifolioides）川杨（Populus szechuanica）滇杨（Populus yunnanensis）泡核桃（Juglans sigillata）核桃（Juglans regia）川梨（Pyrus pashia）莫芰迷（Viburnum foetidum）华西小石积（Osteomeles schwerinae）高山松（Pinus densata）丽江云杉（Picea likiangensis）黄背栎（Quercus pannosa）长穗高山栎（Quercus longispica）华北落叶松（Larix principis-rupprechtii）苍山冷杉（Abies delavayi）云南黄果冷杉（Abies ernestii var. salouenensis）丽江云杉（Picea likiangensis）高山松（Pinus densata）长穗高山栎（Quercus longispica）光叶高山栎（Quercus pseudosemecarpifolia）粉背石栎（Lithocarpus hypoglaucus）紫花苜蓿（Medicago sativa）苔草（Carex sp.）华山松（Pinus armandi）画眉草（Eragrostis pilosa）扭黄茅（Heteropogon contortus）多年生黑麦草（Lolium perenne）燕麦（Avena sativa）。一年生黑麦草（Lolium multiflorum）无芒雀麦（Bromus inermis）

云南石漠化综合治理县（市、区）治理树草种推荐的说明：

1. 云南石漠化综合治理以石漠化综合治理参考树草种是针对云南 65 个石漠化综合治理县为单位列出。
2. 参考树草种以地带性或代表性环境条件小区为单位列出，仅供参考。
3. 小区是以地带性或代表性环境条件命名的。俗话说："一山分四季，十里不同天"，一个小区可能会有河谷、坝子、二半山区、高寒山区等不同的气候、土壤、植被垂直带，因此列出的参考树草种也会不同。所以同一个树草种基本上是按照不同的类型中，表中有时只出现一次，有时出现了两次，这都是正常的。
4. 植物对环境条件有一定的适应宽度，所以同一树草种有时会使用的树草种，有的是尚未使用的树草种。现在未使用的树草种未来不等于未来不使用。随着科学技术的发展，人们会逐步研究及使用它们。
5. 参考树草种有一定的适应宽度。
6. 由于石漠化地区条件恶劣，参考树草种以乡土树种为主，同时也不排除有用的外来树草种。

附表 1

云南省石漠化综合治理县(市、区)面积统计表　　　　　　　　（单位：hm²）

调查单位	类别	合计	石漠化土地					未石漠化土地		
			小计	轻度	中度	强度	极强度	小计	潜在石漠化	非石漠化
合计		7912482.9	2881399.2	889555.1	1364024.9	483556.0	144263.2	5031083.7	1725730.4	3305353.3
保山市	小计	347221.5	55749.2	20515.2	32548.3	2503.1	182.6	291472.3	43049.6	248422.7
	隆阳区	261208.3	45638.1	15202.0	28016.1	2237.4	182.6	215570.2	34424.1	181146.1
	施甸县	86013.2	10111.1	5313.2	4532.2	265.7	0	75902.1	8625.5	67276.6
大理白族自治州	小计	100274.1	22020.2	11325.0	6977.6	1708.4	2009.2	78253.9	11412.4	66841.5
	鹤庆县	100274.1	22020.2	11325.0	6977.6	1708.4	2009.2	78253.9	11412.4	66841.5
迪庆藏族自治州	小计	443542.8	213131.4	52722.5	89633.5	62236.7	8538.7	230411.4	144662.3	85749.1
	香格里拉县	176046.1	76200.4	13022.5	31818.7	24499.3	6859.9	99845.7	66495.5	33350.2
	德钦县	121938.6	86908.9	21903.0	34713.6	28717.8	1574.5	35029.7	9952.8	25076.9
	维西县	145558.1	50022.1	17797.0	23101.2	9019.6	104.3	95536.0	68214.0	27322.0
丽江市	小计	786019.6	305196.2	117797.3	108127.1	37638.0	41633.8	480823.4	312300.9	168522.5
	玉龙县	235872.3	81246.2	27301.9	13546.5	7760.0	32637.8	154626.1	89719.3	64906.8
	古城区	88507.5	39292.2	12919.5	15978.9	7266.5	3127.3	49215.3	41798.0	7417.3
	华坪县	121986.5	29490.3	9540.0	12571.5	4629.9	2748.9	92496.2	39815.2	52681.0
	宁蒗县	339653.3	155167.5	68035.9	66030.2	17981.6	3119.8	184485.8	140968.4	43517.4
临沧市	小计	483043.1	147771.5	65388.6	71933.4	10361.1	88.4	335271.6	147703.2	187568.4
	永德县	146696.2	32587.4	16386.0	14401.5	1799.9	0	114108.8	48419.7	65689.1
	镇康县	137254.6	42668.9	23607.1	17428.4	1633.4	0	94585.7	18496.7	76089.0
	耿马县	148471.1	58316.5	18421.2	33522.5	6284.4	88.4	90154.6	73934.5	16220.1
	沧源县	50621.2	14198.7	6974.3	6581.0	643.4	0	36422.5	6852.3	29570.2
昭通市	小计	1200096.7	338415.5	96790.9	185919.7	37233.1	18471.8	861681.2	194123.9	667557.3
	昭阳区	77943.5	20475.2	5550.9	11591.6	2300.4	1032.3	57468.3	11042.0	46426.3
	鲁甸县	77657.9	23396.9	2600.1	11408.0	7995.1	1393.7	54261.0	11525.6	42735.4
	巧家县	221329.7	94754.2	20039.7	52923.4	10668.2	11122.9	126575.5	49667.6	76907.9
	盐津县	90276.7	12796.2	5584.6	6402.9	789.2	19.5	77480.5	13324.9	64155.6
	大关县	91158.6	32899.1	15340.5	15667.4	1549.8	341.4	58259.5	13594.1	44665.4

续表

调查单位	类别	合计	石漠化土地					未石漠化土地		
			小计	轻度	中度	强度	极强度	小计	潜在石漠化	非石漠化
昭通市	永善县	178541.6	48386.8	21967.8	20908.2	3094.4	2416.4	130154.8	42750.1	87404.7
	镇雄县	249120.7	38638.5	4497.4	25579.4	7725.7	836.0	210482.2	10207.3	200274.9
	彝良县	142520.8	49602.9	16452.4	30184.0	1988.2	978.3	92917.9	32060.5	60857.4
	威信县	71547.2	17465.7	4757.5	11254.8	1122.1	331.3	54081.5	9951.8	44129.7
曲靖市	小计	1419576.4	444537.3	228903.1	165321.8	37958.6	12353.8	975039.1	335709.7	639329.4
	麒麟区	62296.0	7830.3	5667.8	2142.3	20.2	0	54465.7	18255.0	36210.7
	沾益县	163017.7	56378.6	37379.9	16822.1	1387.3	789.3	106639.1	39589.0	67050.1
	马龙县	50422.3	6227.6	4800.9	1426.7	0	0	44194.7	11623.4	32571.3
	宣威市	330023.6	116129.6	76068.1	38511.2	1550.3	0	213894.0	79012.5	134881.5
	富源县	20775.4	54876.5	13919.8	35681.6	3730.5	1544.6	152898.9	66215.2	86683.7
	罗平县	224868.5	71215.7	43175.5	25427.8	2149.2	463.2	153652.8	3999.9	117652.9
	师宗县	125684.2	39683.6	21779.7	12571.4	4406.4	926.1	86000.6	28440.9	57559.7
	陆良县	125210.2	29427.2	10185.4	15267.5	3007.9	966.4	95783.0	24162.7	71620.3
	会泽县	130278.5	62768.2	15926.0	17471.2	21706.8	7664.2	67510.3	32411.1	35099.2
昆明市	小计	545641.8	118167.5	53282.5	44341.6	15419.9	5123.5	427474.3	103426.6	324047.7
	官渡区	19778.5	746.4	301.8	247.1	197.5	0	19032.1	309.7	18722.4
	西山区	23735.2	1817.3	815.6	578.2	0	423.3	21917.9	1592.4	20325.5
	呈贡县	26644.2	2484.9	787.5	534.5	839.1	323.8	24159.3	1803.2	22356.1
	富民县	52428.7	6705.3	1061.5	4110.1	1463.4	70.3	45723.4	5256.1	40467.3
	宜良县	82861.9	8970.2	3061.1	3880.4	1949.3	79.4	73891.7	19858.6	54033.1
	石林县	100591.6	21658.1	5564.4	8843.1	5432.6	1818.1	78933.5	36151.6	42781.9
	嵩明县	53052.0	10020.5	5591.6	2166.5	657.8	1604.3	43031.5	10531.0	32500.5
	禄劝县	73056.9	41428.4	25303.0	16125.4	0	0	31628.5	5051.6	26576.9
	寻甸县	79266.2	21766.1	9525.6	7373.2	4568.3	298.7	57500.1	20924.3	36575.8
	五华区	20499.6	1551.6	946.4	353.7	218.1	33.4	18948.0	1725.7	17222.3
	盘龙区	13727.0	1018.7	323.3	129.4	93.8	472.2	12708.3	222.4	12485.9
玉溪市	小计	193034.3	78656.0	19800.9	46452.6	10923.2	1479.3	114378.3	36512.2	77866.1
	红塔区	13461.6	1556.0	1145.3	304.4	91.3	15.0	11905.6	3124.8	8780.8
	江川县	35821.8	5590.9	1079.3	3335.7	1074.8	101.1	30230.9	4020.9	26210.0
	澄江县	27177.8	13562.6	5804.6	6680.6	665.3	412.1	13615.2	10192.7	3422.5
	通海县	17986.7	4262.3	634.6	3092.5	535.2	0	13724.4	4653.6	9070.8
	华宁县	38078.6	18871.1	3288.5	11209.7	3992.9	380.0	19207.5	6270.2	12937.3
	易门县	60507.8	34813.1	7848.6	21829.7	4563.7	571.1	25694.7	8250.0	17444.7

续表

类别 调查单位		合计	石漠化土地					未石漠化土地		
			小计	轻度	中度	强度	极强度	小计	潜在石漠化	非石漠化
红河哈尼族彝族自治州	小计	1039519.7	326808.1	87832.8	182405.5	43077.3	13492.5	712711.6	214397.1	498314.5
	个旧市	80636.0	43975.4	14230.1	23075.5	5883.8	786.0	36660.6	20022.0	16638.6
	开远市	113005.8	41389.4	5197.7	22409.2	12677.2	1105.3	71616.4	22413.8	49202.6
	蒙自市	135112.3	52844.0	24799.8	26152.9	1891.3	0	82268.3	33027.1	49241.2
	屏边县	40641.7	14659.6	2753.6	7599.4	4297.2	9.4	25982.1	17250.3	7231.8
	建水县	257829.7	74097.2	23716.5	44821.0	3587.4	1972.3	183732.5	39687.9	144044.6
	弥勒县	259546.2	55313.4	8093.3	34839.7	9181.0	3199.4	204232.8	56438.7	147794.1
	泸西县	120444.5	38188.5	8937.7	17568.1	5262.6	6420.1	82256.0	11877.3	70378.7
	河口县	32303.5	6340.6	104.1	4939.7	296.8	0	25962.6	13680.0	12282.9
文山壮族苗族自治州	小计	1354512.9	830946.3	135196.3	430363.8	224496.6	40889.6	523566.6	182432.5	341134.1
	文山县	233522.3	118943.1	17422.8	58627.5	25878.1	17014.7	114579.2	36663.6	77915.6
	砚山县	197708.3	85700.8	7012.6	62332.3	15964.2	391.7	112007.5	17116.3	94891.2
	西畴县	61478.2	42364.9	21216.2	20292.4	856.3	0	19113.3	16476.3	2637.0
	麻栗坡县	70117.4	49951.6	3195.5	18551.0	23844.0	4361.1	20165.8	16624.3	3541.5
	马关县	200943.6	125071.4	54853.3	67139.0	3079.1	0	75872.2	25829.2	50043.0
	邱北县	204703.7	158005.6	16046.1	117345.5	23437.9	1176.1	46698.1	14489.3	32208.8
	广南县	289554.2	184128.0	9369.5	55965.3	106705.6	12087.6	105426.2	36968.8	68457.4
	富宁县	96485.2	66780.9	6080.3	30110.8	24731.4	5858.4	29704.3	18264.7	11439.6

注：根据 2005 年 7 月云南省林业调查规划院昆明分院《云南省岩溶地区石漠化监测报告》。

附表 2

云南石漠化综合治理县（市、区）岩溶地区分类统计表   （单位：hm²）

类别	地类	合计	林地	耕地	牧草地	未利用地	建设用地	水域
	合计	7912482.9	4709414.2	2597959.1	42127.7	400201.8	136549.6	26230.5
石漠化土地	小计	2881399.2	1843815.6	621947.3	22003.1	393633.2		
	轻度石漠化	889555.1	768582.0	99749.5	4075.2	17148.4		
	中度石漠化	1364024.9	838677.9	440800.5	10529.8	74016.7		
	强度石漠化	483556.0	222936.2	76312.6	6932.9	177374.3		
	极强度石漠化	144263.2	13619.5	5084.7	465.2	125093.8		
潜在石漠化土地		1725730.4	1669568.6	52828.5	3333.3			
非石漠化土地		3305353.3	1196030.0	1923183.3	16791.3	6568.6	136549.6	26230.5

注：根据 2005 年 7 月云南省林业调查规划院昆明分院《云南省岩溶地区石漠化监测报告》。

附表 3

云南省石漠化综合治理县（市、区）按土地使用权属统计表 （单位：hm²）

| 类别\土地使用权属 | 合计 | 石漠化土地 | | | | | 潜在石漠化土地 | 非石漠化土地 |
		小计	轻度	中度	强度	极强度		
合计	7912483.0	2881399.0	889555.1	1364024.9	483556.0	144263.2	1725730.4	3305353.3
国有	492440.5	160286.9	40747.3	74738.1	18468.2	26333.3	201042.3	131111.3
集体	6337301.0	2403243.0	791474.8	1099717.7	397803.4	114247.2	1447827.7	2486229.9
个人	1081138.0	316869.3	57333.0	188762.4	67091.2	3682.7	76632.0	687637.0
其他	1603.4	999.9		806.7	193.2		228.4	375.1

注：根据 2005 年 7 月云南省林业调查规划院昆明分院《云南省岩溶地区石漠化监测报告》。

附表 4

云南省石漠化综合治理县（市、区）石漠化土地按成因统计表 （单位：hm²）

类别\成因	合计	轻度	中度	强度	极强度
合计	2881399.2	889555.1	1364024.9	483556.0	144263.2
1. 人为原因	1925393.7	619592.3	946652.1	303160.1	55989.2
毁林（草）开荒	348347.3	53533.7	220560.7	67227.9	7025.0
过牧	143656.9	38686.4	56495.1	43104.7	5370.0
过度樵采	1140390.7	444649.5	493463.3	167211.0	35066.9
火烧	30635.5	7907.0	13330.3	7855.9	1542.2
工矿工程建设	6373.1	1383.6	1452.8	2361.7	1175.0
工业污染	534.0	249.8	69.5	145.2	69.5
不适当经营方式	245860.0	70103.4	156953.9	14422.0	4380.7
其他	9596.2	3078.8	4326.5	831.7	1359.2
2. 自然原因	956005.5	269962.8	417372.8	180395.9	88274.0
地质灾害	174443.6	41407.0	84934.4	32977.1	15125.1
灾害性气候	158557.4	50462.0	51387.3	21652.4	35055.7
其他	623004.5	178093.8	281051.1	125766.4	38093.2

注：根据 2005 年 7 月云南省林业调查规划院昆明分院《云南省岩溶地区石漠化监测报告》。

附表 5

云南省石漠化综合治理县(市、区)石漠化和潜在石漠化面积按地形地貌类型统计表　　（单位：hm²）

地形地貌＼类别	合计	石漠化土地					潜在石漠化土地
		小计	轻度	中度	强度	极强度	
合计	4607129.6	2881399.2	889555.1	1364024.9	483556	144263.2	1725730.4
平原	161.7	2		2			159.7
丘陵	14890.3	13024.3	3642.3	8650.9	661.1	70.0	1866.0
低山	100821.8	65619.7	15759.5	35772.4	12811.6	1276.2	35202.1
中山	4491255.8	2802753.2	870153.3	1319599.6	470083.3	142917	1688502.6

注：根据 2005 年 7 月云南省林业调查规划院昆明分院《云南省岩溶地区石漠化监测报告》。

附表 6

云南省石漠化着治理县(市、区)石漠化面积按流域统计表　　（单位：hm²）

流域＼类别	合计	石漠化土地					潜在石漠化土地	非石漠化土地
		小计	轻度	中度	强度	极强度		
合计	7912482.9	2881399.2	889555.1	1364024.9	483556.0	144263.2	1725730.4	3305353.3
长江流域	3028412.1	1035939.9	358409.5	435774.3	160131.5	81624.6	709102.9	1283369.3
珠江流域	2847237.6	1068981.6	283679.1	519350.4	226036.8	39915.3	545183.2	1233072.8
澜沧江流域	260673.9	76190.3	28178.7	37549.9	10174.8	286.9	86006.0	98477.6
怒江流域	717394.8	177479.2	75522.1	90159.7	11709.0	88.4	175014.8	364900.8
红河流域	1058764.5	522808.2	143765.7	281190.6	75503.9	22348.0	210423.5	325532.8

注：根据 2005 年 7 月云南省林业调查规划院昆明分院《云南省岩溶地区石漠化监测报告》。

参 考 文 献

陈咸吉，1982. 中国气候区划新探[J]. 气象学报，(1)：37—50.

程正军，刘义，2003. 石漠化：西南头号"生态危机"[J]. 生态经济，(3)：13—16.

崔永，刘辉，陆素娟，等，2009. 云南省红河州石漠化治理树种叶的结构研究[J]. 湖南林业科技，36
　　(3)：11—13.

但新球，喻甦，吴协保，2004. 我国石漠化地区生态移民与人口控制的探讨[J]. 中南林业调查规划，
　　23(04)：49—51.

邓菊芬，崔阁英，王跃东，等，2009. 云南岩溶区的石漠化与综合治理[J]. 草业科学，26(2)：33
　　—38.

冯玉龙，刘恩举，孙国斌，1995. 根系温度对植物的影响（Ⅰ）：根温对植物生长及光合作用的影响[J].
　　东北林业大学学报，23(3)：63—69.

冯志刚，王世杰，孙承兴，2002. 引起红土表层硅铝比值增大原因的可能性探讨[J]. 地球与环境，30
　　(4)：7—14.

高洁，李浩，黄礼梅，等，2008. 建水县石漠化地段9个造林树种耐寒性主成分分析[J]. 宁夏大学学
　　报，29：154—156.

高洁，李兴彪，李乡旺，等，2015. 滇东南地区半干热石漠化治理8个主要树种抗旱性研究[J]. 西南
　　林业大学学报，35(2)：1—10.

谷勇，陈芳，李昆，等，2009. 云南岩溶地区石漠化生态治理与植被[J]. 科技导报，27(5)：75—80.

郭媛媛，范广洲，2006. 青藏高原植被变化特征及其对气候变化的影响[J]. 成都信息工程学院学报，
　　21(zl)：12—17.

何才华，熊康宁，粟茜，1996. 贵州喀斯特生态环境脆弱性类型区及其开发治理研究[J].

何华，肖子牛，陶云，等，2007. 植被对云南气候要素影响的敏感性试验[J]. 气候与环境研究，12
　　(01)：87—99.

贺庆棠，陆佩玲，2006. 中国岩溶山地石漠化问题与对策研究[J]. 北京林业大学学报，28(1)：117
　　—120.

胡淑萍，余新晓，郭永盛，2010. 北京山区天然荆条灌丛立地条件的数量化分析[J]. 林业资源管理，
　　(03)：60—63.

季宏兵，欧阳自远，王世杰，等，1999. 白云岩风化剖面的元素地球化学特征及其对上陆贵州师范大
　　学学报：自然科学版，(1)：1—9.

贾立平，2004. 太阳辐射与植物生长发育的关系[J]. 现代农业，(4)：40.

壳平均化学组成的意义——以黔北新蒲剖面为例[J]. 中国科学，29(6)：504—513.

李爱贞，刘厚凤，张桂芹，2003. 气候系统变化与人类活动[M]. 北京：气象出版社.

李德文，崔之久，刘耕年，等，2001. 岩溶风化壳形成演化及其循环意义[J]. 中国岩溶，20(3)：183
　　—188.

李海霞，2006. 岩溶裂隙土的剖面特征及演化规律研究[D]. 西安：西安科技大学.

李乡旺，陈平，罗刚，等，2000. 滇东南半干热地区试验材料抗旱性初步评估[J]. 广西林业科学，29

(2)：74—78.

李乡旺，冲田，陈宇雷，等，2014. 地球的伤痕——石漠化的现状与治理[J]. 人与自然，(11)：8—17.

李乡旺，陆素娟，程新皓，2014. 最美最危险的滇国——云南的石漠化及治理[J]. 人与自然，(11)：
60—71.

李乡旺，陆素娟，王玉寿，等，2000. 滇东南半干热地区造林树种选择的研究[J]. 广西林业科学，29
(1)：11—16.

李乡旺，王玉寿，2000. 滇东南半干热地区造林树种选择的研究[J]. 广西林业科学，(1)：11—16.

李娅娟，何晓滨，2014. 云南省主要土壤类型养分状况及变化特征[J]. 中国农技推广，30(8)：35
—37.

李一为，李素艳，2002. 绿色工程势在必行[J]. 中国经贸，(12)：25—27.

梁振芳，2012. 广西喀斯特地区石漠化治理与特色农业发展研究[J]. 现代农业，(12)：74—76.

刘德隅，1995. 云南森林历史变迁初探[J]. 农业考古，(3)：191—196.

刘良梧，龚子同，2000. 古红土的发育与演变[J]. 海洋地质与第四纪地质，20(3)：37—42.

陆素娟，李增云，张元彬，等，2000. 滇东南干热地区的植被新类型——偏干性常绿阔叶林和细叶云
南松林[J]. 广西林业科学，(1)：17—21.

孟庆英，田砚亭，1984. 用^{14}C研究杨树苗期光合产物的运输和分配[J]. 北京：北京林业大学学报，
(1)：11—20.

欧阳峥嵘，温小斌，耿亚红，等，2010. 光照强度、温度、pH、盐度对小球藻(Chlorella)光合作用的
影响[J]. 植物科学学报，28(01)：49—55.

彭华，闫罗彬，陈智，等，2015. 中国南方湿润区红层荒漠化问题[J]. 地理学报，70(11)：1699
—1707.

石军南，卢海燕，唐代生，等，2012. 岩溶地区坡度与土地石漠化的空间相关性分析[J]. 中南林业科
技大学学报，32(10)：84—88.

舒丽，林玉石，2007. 广西石漠化现状与成因及治理初探[C]. 广西青年学术年会.

宋林华，2000. 喀斯特地貌研究进展与趋势[J]. 地理科学进展，19(3)：193—202.

宋同清，彭晚霞，杜虎，等，2014. 中国西南喀斯特石漠化时空演变特征、发生机制与调控对策[J].
生态学报，34(18)：5328—5341.

苏维词，杨华，李晴，等，2006. 我国西南喀斯特山区土地石漠化成因及防治[J]. 土壤通报，37(3)：
447—451.

苏维词，朱文孝，2002. 贵州喀斯特山区的石漠化及其生态经济治理模式[J]. 中国岩溶，21(1)：19—24.

孙鸿烈，2002. 西部生态建设的主要任务及战略措施[J]. 矿物岩石地球化学通报，21(1)：3—6.

田涛，2011. 北京典型边坡立地条件类型划分研究[D]. 北京：北京林业大学.

屠玉麟，1996. 黔桂滇岩溶山区脱贫与持续发展对策[J]. 贵州师范大学学报(自然版)，(3)：14—19.

屠玉麟，1997. 岩溶生态环境异质性特征分析——以贵州岩溶生境为例[J]. 贵州科学，(3)：176
—181.

王道杰，崔鹏，王军，等，2006. 燥红土不同土地利用类型土壤侵蚀特征——以云南小江流域为例[J].
水土保持学报，20(5)：24—27.

王德炉，2003. 喀斯特石漠化的形成过程及防治研究[D]. 南京：南京林业大学.

王德炉，朱守谦，黄宝龙，2003. 石漠化过程中土壤理化性质变化的初步研究[J]. 山地农业生物学报，
2003，22(3)：204—207.

王德炉，朱守谦，黄宝龙. 石漠化的概念及其内涵[J]. 南京林业大学学报(自然科学版)，2004，28
(6)：87—90.

王猛，崔世兰，季虹，2011. 土壤对植物的生态作用[J]. 能源与节能，(10)：49—51.

王世杰，2003. 喀斯特石漠化——中国西南最严重的生态地质环境问题[J]. 矿物岩石地球化学通报，22(2)：120－126.

王世杰，季宏兵，1999. 碳酸盐岩风化成土作用的初步研究[J]. 中国科学，29(5)：441－449.

王世杰，季宏兵，欧阳自远，等，1999. 碳酸盐岩风化成土作用的初步研究[J]. 中国科学（D辑），441.

王涛，2001. 走向世界的中国沙漠化防治的研究与实践[J]. 中国沙漠，21(1)：1－3.

王伟铭，1996. 云南开远小龙潭盆地晚第三纪孢粉植物群[J]. 植物生态学报（英文版），(9)：743－748.

王襄平，张玲，方精云，2004. 中国高山林线的分布高度与气候的关系[J]. 地理学报，59(6)：871－879.

王莹，2014. 浅析花卉种植的常见问题及对策[J]. 城市建设理论研究(电子版)，(8).

王宇，杨世瑜，袁道先，2005. 云南岩溶石漠化状况及治理规划要点[J]. 中国岩溶，24(3)：206－211.

王宇，张贵，2003. 滇东岩溶石山地区石漠化特征及成因[J]. 地球科学进展，18(6)：933－938.

夏宁，梁永红，2016. 关于加快中国石漠化地区中医药产业发展构建立体式精准扶贫新模式的建议[J]. 中国发展，16(02)：88－89.

徐佩朝，2006. 我国荒漠化的主要类型及地区分布[J]. 中学政史地：高中地理，(12)：48－50.

亚太森林恢复与可持续管理组织，2012. Ecological rehabilitation in China：Achievements of key dorestry initiatives[M]. 北京：中国林业出版社.

严钦尚，曾昭璇，1985. 高等学校教材地貌学[M]. 北京：高等教育出版社.

杨振海，2008. 我国岩溶地区的草食畜牧业发展[J]. 中国畜牧业，(13)：20－22.

袁春，周常萍，童立强，等，2003. 贵州土地石漠化的形成原因及其治理对策[J]. 现代地质，17(2)：181－185.

袁道先，1997. 现代岩溶学和全球变化研究[J]. 地学前缘，(z1)：17－25.

袁道先，2001. 论岩溶生态系统[J]. 地质学报，(3)：432－432.

袁道先，2001. 全球岩溶生态系统对比：科学目标和执行计划[J]. 地球科学进展，16(4)：461－466.

袁道先，2006. 岩溶生态系统全球对比研究[C]. "十一五"重要地质科技成果暨重大找矿成果交流会材料.

袁道先，章程，2008. 岩溶动力学的理论探索与实践[J]. 地球学报，29(3)：355－365.

张波，1998. AHP基本原理简介[J]. 西北大学学报：自然科学版，28(2)：109－113.

张伏全，2012. 云南石漠化防治工作成效显著[J]. 云南林业，(6)：25－25.

张会茹，郑粉莉，2011. 不同降雨强度下地面坡度对红壤坡面土壤侵蚀过程的影响[J]. 水土保持学报，25(3)：40－43.

张清，李乡旺，黄春良，2007. 建水石质山地两种乔灌混交模式的造林成效[J]. 西部林业科学，36(1)：43－47.

张清，李乡旺，陆素娟，等，2011. 白枪杆的育苗及在石漠化治理中的造林方法，CN 102172135 A[P].

郑景云，尹云鹤，李炳元，2010. 中国气候区划新方案[J]. 地理学报，65(1)：3－12.

周忠发，2000. 遥感和GIS技术在贵州喀斯特地区土地石漠化研究中的应用[C]//中国科协2000年学术年会：52－54.

朱波，况福虹，高美荣，等，2009. 土层厚度对紫色土坡地生产力的影响[J]. 山地学报，27(06)：735－739.

朱震达，1986. 湿润及半湿润地带的土地风沙化问题[J]. 中国沙漠，6(4)：1－12.

朱震达，崔书红，1996. 中国南方的土地荒漠化问题[J]. 中国沙漠，16(4)：331—337.

Bruggisser P，1987. Orator disertissimvs：A propos d'une lettre de Symmaque à Ambroise[J]. Hermes，115(1)：106—115.

Gao J，Shi Z，Xu L，et al，2013. Precipitation variability in Hulunbuir，northeastern China since 1829 AD reconstructed from tree-rings and its linkage with remote oceans[J]. Journal of Arid Environments，95(8)：14—21.

Ma J H，Zhu Y T，2008. Impacts of tourist activities on components，properties and heavy metal pollution of soils in the Songshan scenic area[J]. Acta Ecologica Sinica.

Wang D L，Zhu S Q，Huang B L. 2004. Discussion on the conception and connotation of rocky desertification[J]. Journal of Nanjing Forestry University，28(6)：87—90.

Wang S J，2002. Concept deduction and its connotation of karst rocky desertification[J]. Carsologica Sinica，21(2)：101—105.

Yuan D X，2008. Global view on Karst rock desertification and integrating control measures and experiences of China[J]. Pratacultural Science，25(9)：19—25.

Zhang Z H，Chen J K，Pentecost A，2008. Aquatic communities of bryophytes associated with karst water falls in England[J]. Acta Hydrobiologica Sinica，32(1)：134—140.

附　　图

森林遭受破坏后变为次生植被，继续破坏将转变为石漠化土地（耿马县）

沧源县季风常绿阔叶林破坏后变为次生的暖热性稀树灌木草丛，继续破坏将向石漠化演变

德钦县金沙江河谷轻度石漠化景观

德钦县金沙江河谷的潜在石漠化景观

宣威市石漠化景观

沾益区海峰石漠化景观

香格里拉市石漠化景观

西畴县石漠化景观

宁蒗县石漠化景观

广南县石漠化景观

泸西县石漠化景观

玉龙县石漠化景观

建水县石漠化景观(1)　　　　　　　　建水县石漠化景观(2)

建水县石漠化景观(3)

建水县石漠化景观（4）

建水县石漠化景观（5）

建水县石漠化景观（6）

宣威市石漠化景观

宣威市石漠化治理(1)

宣威市石漠化治理(2)

昭阳区石漠化景观

治理树种试验(1)

治理树种试验(2)

开远市石漠化治理，防火线砍开后示治理前的景观

整地

准备在强度石漠化恢复植被(建水县)

丽江市古城区石漠化治理中

开远市石漠化治理中

培育治理新品种

建水县 2 年治理地，乔草已经覆盖治理地

建水县半干热地区石漠化治理地剖面，乔土层与岩石层界面缺乏过度

开远石漠化治理地（乔草模式）

文山市石漠化治理地

开远市半干热地区石漠化治理（1）

开远市半干热地区石漠化治理(2)

蒙自市半干热地区石漠化土地果园建设

富源县石漠化治理

会泽县石漠化治理

治理区致富项目－蓝莓种植试验

建水县乔灌草混交治理模式

建水县石漠化山地治理 7 年后景观(1)

建水县石漠化山地治理 7 年后景观(2)

巧家县石漠化地区人工草地景观

建水县治理地生物多样性调查

易门县石漠化治理情况调查

后 记

　　云南石漠化山地地形复杂，涉及青藏高原、云南高原、横断山脉、滇西纵谷区及丘陵洼地，海拔从 5000 余米变化到 76.4 米。气候多样，涉及北热带、南亚热带、中亚热带、北亚热带、暖温带、高原温带等气候带。要做好石漠化综合治理工作必须进行区域划分，而区域划分必须认真进行调查研究，广泛收集资料。我们用了 2 年多的时间爬石山，跨河流，行走在石漠化山地上；通过访问当地干部群众，现场收集相关数据，得到了大量第一手材料；对收集的资料及数据进行认真分析，去粗取精，去伪存真后，着手撰写了本书。

　　目前，我国各地对于石漠化治理区域多以地域、方位、地貌、流域等宏观因素进行划分，从技术设计上来说显得粗放。通过广泛的调研和资料分析，针对云南石漠化综合治理地区的具体情况，采用活动积温天数和干燥度为主导因素，地带性土壤类型为次主导因素，参考其他因素将石漠化区域进一步作较为精细的划分，将全省石漠化地区划分为 7 个区 10 个亚区 19 个小区。本书提出的云南省石漠化综合治理区域划分新体系，是从粗放的宏观区划向精细区划迈进的创新成果，这一区划成果使石漠化地区综合治理技术设计更具有可操作性。

　　感谢云南省老年科技工作者协会赵世坤常务副会长对此项工作的关心及帮助，感谢刘德隅、卞少文、冯志舟、顾祥顺、李德明等专家对本书的指导及帮助。本书部分使用了冯志舟正高级工程师、刘婧高级工程师的照片，在此表示感谢！

著者

2018 年 5 月 16 日